图解机械加工实用技术丛书

钳工一点通

孙　俊　主编

科学出版社

北　京

内 容 简 介

本书共13章，第1章钳工入门，第2章测量，第3章划线，第4章錾削，第5章锯削，第6章锉削，第7章孔加工，第8章螺纹加工，第9章刮削，第10章研磨，第11章手工矫正，第12章手工弯形，第13章装配。每一章节都通过大量的照片、图片详细讲解了钳工各项技能的操作要点，同时，为了使读者更好地掌握钳工操作技能，每一章节还配备了若干思考与练习题。

本书可作为广大一线技术工人学习、提高钳工技能的参考用书，也可作为工科院校机械类专业学生学习的教材。

图书在版编目（CIP）数据

钳工一点通/孙俊主编. —北京：科学出版社，2011
（图解机械加工实用技术丛书）
ISBN 978-7-03-030594-7

Ⅰ. 钳⋯ Ⅱ. 孙⋯ Ⅲ. 钳工-图解 Ⅳ.TG9-64

中国版本图书馆CIP数据核字（2011）第044922号

责任编辑：张莉莉 杨 凯 / 责任制作：董立颖 魏 谨
责任印制：赵德静 / 封面设计：刘 源

北京东方科龙图文有限公司 制作
http://www.okbook.com.cn

科 学 出 版 社 出版
北京东黄城根北街16号
邮政编码：100717
http://www.sciencep.com

北京京华虎彩印刷有限公司 印刷
科学出版社发行 各地新华书店经销

*

2011年5月第 一 版　开本：A5（890×1240）
2013年1月第二次印刷　印张：8 1/4
印数：5 001—6 000　字数：216 000

定价：35.00元

（如有印装质量问题，我社负责调换）

前　言

　　钳工是机械行业生产中不可或缺的一个工种，特别是当代企业之间的竞争，归根到底是技术人才的竞争，很多精密零件需要高素质、高技能的钳工完成。随着先进制造技术的发展，有些企业还要求钳工有能力完成一些有特殊要求的产品的设计、加工、组装、测试、校准等。由于钳工涉及的知识面较宽，实践性较强，加上生产实习场地和时间的限制，初学者一般都容易出现学前的畏难情绪。本书可有效解决初学者在学习中的困惑，使初学者能在短时间内掌握钳工的基本操作技能。

　　本书的特色就是"一点通"，以现场的生产、实习图片展示，图文并茂，操作要点突出，为读者提供了生动的操作演示，让读者在学习时比较轻松，使其更加容易理解和掌握技术操作要求。通过通俗、简洁的语言、恰当的图片以及教学模型，配合技术解说诱发读者的学习兴趣，激发读者的求知欲。

　　本书可作为广大一线技术工人学习、提高钳工技能的参考用书，也可作为工科院校机械类专业学生学习的教材。本书共13章，第1章钳工入门，第2章测量，第3章划线，第4章錾削，第5章锯削，第6章锉削，第7章孔加工，第8章螺纹加工，第9章刮削，第10章研磨，第11章手工矫正，第12章手工弯形，第13章装配。每一章节都通过大量的照片、图片详细讲解了钳工各项技能的操作要点，同时，为了使读者更好地掌握钳工操作技能，每一章节后面还附有思考与练习题。

本书由孙俊主编，赵钱、彭和辉参编。本书在编写中力求叙述准确、完善，但由于编者水平有限，书中欠妥之处在所难免，希望读者能够及时指正，共同促进本书质量的提高。

目　录

第1章　钳工入门

第2章　测　量

第7章 孔加工

第8章 螺纹加工

第9章 刮 削

第10章 研 磨

第1章

钳工入门

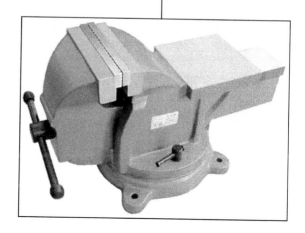

钳工，大多是用手工工具并经常在台虎钳上进行手工操作的一个工种。

随着机械工业的日益发展，许多繁重的工作已被机械加工所代替，但那些精度高、形状复杂的零件加工以及设备安装调试和维修是机械难以完成的。这些工作仍需要钳工精湛的操作技能去完成。因此，钳工是机械制造业中不可缺少的工种。

1.1 钳工的基本操作技能

要能胜任钳工的工作，必须掌握好钳工的各项基本操作技能。钳工的基本操作技能主要有：测量、划线、錾削、锯削、锉削、钻孔、扩孔、锪孔、铰孔、攻螺纹、套螺纹、矫正、弯形、铆接、刮削、研磨、机器装配调试、设备维修和简单热处理等，如照片1.1所示。

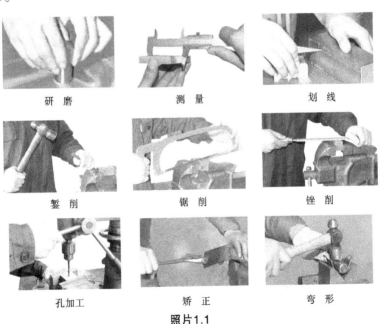

研　磨	测　量	划　线
錾　削	锯　削	锉　削
孔加工	矫　正	弯　形

照片1.1

铆 接

刮 削

螺纹加工

机械装配

简单热处理

设备维修

续照片1.1

1.2 钳工的主要任务

钳工在熟练掌握各项基本操作技能后，主要可以完成以下工作任务：加工零件、装配、设备维修、工具的制造和修理，如照片1.2所示。

检测导轨精度

加工零件：一些采用机械方法不适宜或不能解决的加工，可由钳工来完成。例如在加工过程中，检测导轨的精度。

装配齿轮箱

装配:把零件按机械设备的装配技术要求进行组件、部件装配和总装配，并经过调整、检验和试车等，使之成为合格的机械设备。例如将齿轮箱的各个零、部件按一定的技术要求进行装配。

照片1.2

设备维修:当机械设备在使用过程中产生故障、出现损坏或长期使用后精度降低,影响使用时,也要通过钳工进行维护和修理。例如对产生故障的机床进行修理。

维修机床

工具的制造和修理:制造和修理各种工具、夹具、量具、模具及各种专用设备。例如制造钻床夹具、制造模具等。

制造模具

续照片1.2

1.3 钳工的分类

随着机械工业的发展,钳工的工作范围越来越广泛,需要掌握的技术理论知识和操作技能也越来越复杂。于是产生了专业性的分工,以适应不同工作的需要。按工作内容性质来分,钳工工种主要分三类,如图1.1所示。

普通钳工	使用钳工工具、钻床,按技术要求对工件进行加工、修整、装配的人员。主要从事机器或部件的装配、调整工作以及零件的钳工加工工作。
机修钳工	使用工具、量具以及辅助设备,对各类设备进行安装、调试和维修的人员。主要从事各种机械设备的维护和修理工作。
工具钳工	使用钳工工具及设备对工装、工具、量具、辅具、模具进行制造、装配、检验和修理的人员。主要从事工具、模具、刀具的制造和修理工作。

图1.1

虽然钳工根据不同的专业方向进行了分工，但不同工种之间，都存在着相互关联，需要掌握的基本操作技能也有很多相同之处。

1.4 钳工常用设备

1.4.1 台虎钳

台虎钳是用来夹持工件的通用夹具，钳工常用的台虎钳有回转式（图1.2）和固定式（照片1.3）两种。台虎钳的规格以钳口的宽度表示（照片1.4），常用的规格有100mm、125mm、150mm等。

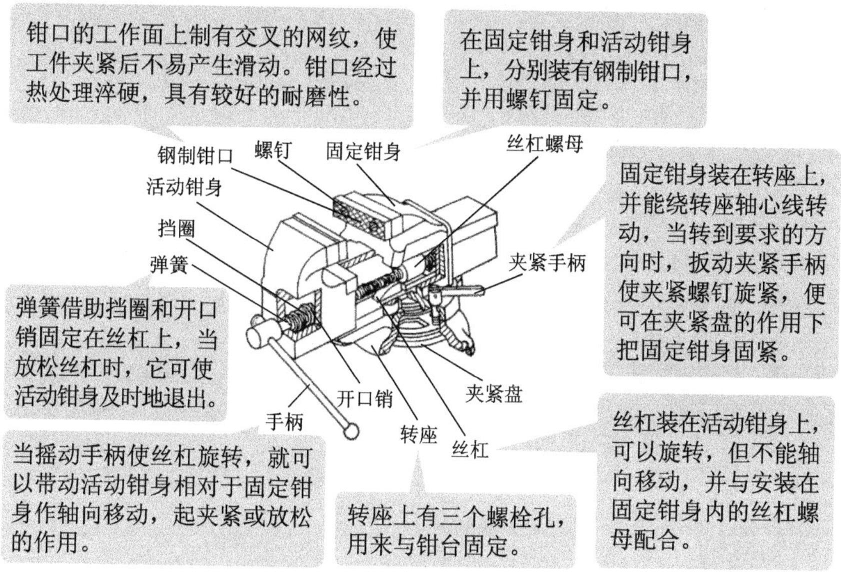

钳口的工作面上制有交叉的网纹，使工件夹紧后不易产生滑动。钳口经过热处理淬硬，具有较好的耐磨性。

在固定钳身和活动钳身上，分别装有钢制钳口，并用螺钉固定。

固定钳身装在转座上，并能绕转座轴心线转动，当转到要求的方向时，扳动夹紧手柄使夹紧螺钉旋紧，便可在夹紧盘的作用下把固定钳身夹紧。

弹簧借助挡圈和开口销固定在丝杠上，当放松丝杠时，它可使活动钳身及时地退出。

丝杠装在活动钳身上，可以旋转，但不能轴向移动，并与安装在固定钳身内的丝杠螺母配合。

当摇动手柄使丝杠旋转，就可以带动活动钳身相对于固定钳身作轴向移动，起夹紧或放松的作用。

转座上有三个螺栓孔，用来与钳台固定。

钢制钳口　螺钉　固定钳身　丝杠螺母
活动钳身
挡圈
弹簧
夹紧手柄
开口销　夹紧盘
手柄
转座　丝杠

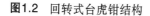

图1.2　回转式台虎钳结构

固定式台虎钳的结构与回转式台虎钳的结构大致相同，只是固定式台虎钳的底座部分没有转座和夹紧盘，台虎钳安装后，只能在固定的位置进行操作。

照片1.3　固定式台虎钳

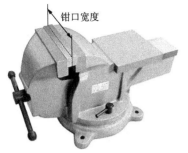

钳口宽度

台虎钳的规格以钳口的宽度表示。

照片1.4

使用台虎钳，应做到操作方法正确、规范，如照片1.5、照片1.6所示。

台虎钳必须正确、牢固地安装在钳台上。

回转式台虎钳调整好操作位置后，必须锁紧夹紧手柄，保证操作位置的稳定。

照片1.5

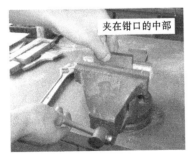

夹在钳口的中部

工件应尽量装夹在台虎钳钳口的中部，以使钳口受力均衡，夹紧后的工件应稳固可靠。

照片1.6

😦 操作错误　　　　　　　😊 操作正确

不要在台虎钳的活动钳身表面进行敲打，以免损坏与固定钳身的配合性能，有些台虎钳固定钳身上带有砧座，敲击操作可在砧座上进行。

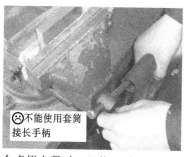
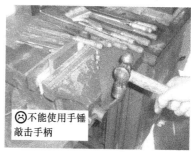

😦 不能使用套筒
接长手柄　　　　　　😦 不能使用手锤
　　　　　　　　　　敲击手柄

台虎钳夹紧时，只能用手扳紧手柄夹紧工件，不能用套筒接长手柄加力或用手锤敲击手柄，以避免损坏虎钳零件。

台虎钳需要经常清理，以保持钳身表面的清洁，同时，台虎钳丝杠及螺母需要定期涂抹润滑油，保持台虎钳动作顺畅，以延长台虎钳的使用寿命。

续照片1.6

1.4.2 钳 桌

钳桌用来安装台虎钳、放置工具和工件等，一般在钳桌前还安装有防护网，以防止操作中铁屑飞溅，避免发生人身事故，如图1.3所示。

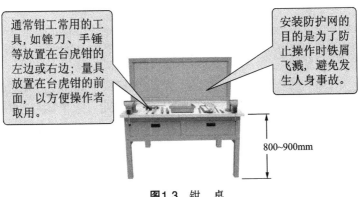

通常钳工常用的工具，如锉刀、手锤等放置在台虎钳的左边或右边；量具放置在台虎钳的前面，以方便操作者取用。

安装防护网的目的是为了防止操作时铁屑飞溅，避免发生人身事故。

800~900mm

图1.3　钳　桌

钳桌的高度为800～900mm，装上台虎钳后，钳口高度以恰好齐人的手肘为宜，如照片1.7所示。

台虎钳的安装高度，以钳口高度与手肘齐平为宜，即将手肘放在台虎钳的钳口最高点处握拳，拳面刚好抵住下颚。

照片1.7

1.4.3 砂轮机

砂轮机主要用于刃磨各种金属切削刀具、零件表面硬皮等，按外形不同，砂轮机分台式砂轮机和立式砂轮机两种，如照片1.8所示。砂轮机主要由电动机、砂轮、底座组成，通常在砂轮机上还需安装防护罩和搁架，以保证操作者使用时的安全。

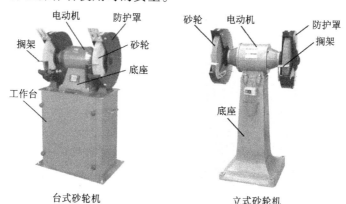

台式砂轮机

立式砂轮机

台式砂轮机底座必须稳固地安装在工作台上，立式砂轮机底座直接立于工作场地，但底座必须用地脚螺栓与地基牢固连接，以保证砂轮机工作稳定。

照片1.8

由于砂轮的质地坚硬而脆，且工作时转速较高，因此，在操作砂轮机时应注意安全，以防止发生砂轮碎裂，造成人身伤害事故，如照片1.9和图1.4所示。

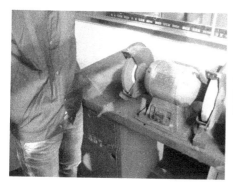

砂轮机启动后，不可立即进行磨削操作，应等砂轮转速和振动达到稳定后再进行操作。

照片1.9

砂轮旋转方向必须与旋转方向指示牌相符合，尽量使磨屑向下方飞离砂轮。使用时，如果发现砂轮表面跳动严重，应及时使用修整器进行修整。

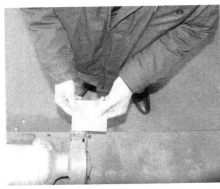

使用砂轮机时，操作者应站立在砂轮的侧面或斜侧位置，避免身体左侧（心脏位置）与砂轮机正对，目的是尽量减小意外带来的伤害。

续照片1.9

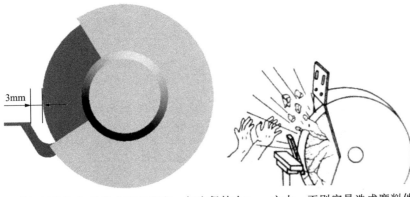

3mm

砂轮机的搁架与砂轮之间的距离一般应保持在3mm之内，否则容易造成磨削件被砂轮轧入的事故，同时，在使用砂轮机时，不准将磨削件与砂轮猛烈撞击或在砂轮上施加过大的压力，以免砂轮碎裂。

图1.4

1.5 学习钳工技能的方法

钳工操作技能项目较多，学习和掌握各项技能之间又具有一定的相互依赖关系，因此，在练习时必须循序渐进，由易到难、由简单到复杂，逐步对每项操作技能进行掌握，不能偏废任何一项，同时，操作者还要遵守操作的相关规定，具有吃苦耐劳的精神，只有这样，才能较好地掌握钳工技能。

1.6 钳工生产操作要求

（1）生产现场的所有工具需要进行区分，将生产需要的工具整齐摆放在生产现场，如照片1.10所示，而生产不需要的工具应及时清除或放置在其他地方，如储藏柜、仓库等。

（2）生产需要的零部件放置在生产现场时，必须做到定量、定位放置，并摆放整齐，必要时加以标识，如照片1.11所示。

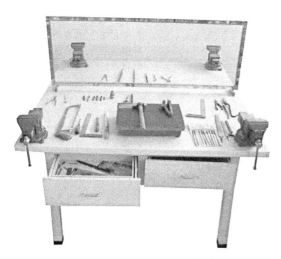

工具整齐摆放可有助于提高生产效率。

照片1.10

在生产现场，零部件要定量、定位放置，并摆放整齐，必要时加以标识。

照片1.11

（3）生产现场及生产用的设备需要清扫干净，并保持生产现场干净、整洁，如照片1.12所示。

（4）生产操作人员必须遵守作息时间，准时到岗，上岗前应整齐穿着工作服，如图1.5所示。

（5）领用生产用的工具量具应及时办理领用手续，使用中应爱护公物，使用完毕应及时归还并办理归还手续。

生产现场保持干净、整洁有助于提高生产效率和产品质量。

照片1.12

操作过程中，为防止头发卷入旋转机床，造成人身事故，操作者必须戴好工作帽。

工作服袖口必须扎紧。

工作服必须穿着整齐，下摆必须收紧。

上岗前，必须穿着工作鞋，不能穿拖鞋、凉鞋等，以防止工作中，零件掉落，砸伤脚部。

图1.5

思考与练习

1. 什么是钳工？
2. 钳工的基本操作技能有哪些？
3. 钳工的主要任务有哪些？
4. 钳工常用的台虎钳有哪几种类型？
5. 如何才能做到正确、规范地操作台虎钳？
6. 简述砂轮机的操作要点。

第2章

测　量

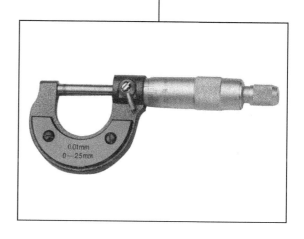

2.1 测量概述

测量的实质是将被测量对象的参数与作为计量单位的标准量进行比较的过程，如图2.1所示。

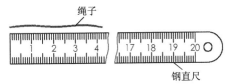

绳子

钢直尺

用钢直尺的刻度线作为标准量，可以测量出绳子的长度尺寸，这就是测量的过程。

图2.1

钳工常用的测量方法主要有直接测量法和间接测量法两种，如照片2.1所示。直接测量法：直接用测量器具测量出零件被测几何量值的方法称为直接测量法。间接测量法：通过测量与被测尺寸存在一定函数关系的其他尺寸，然后通过计算获得被测尺寸量值的方法称为间接测量法。

直接测量法

利用游标卡尺测量零件的长度尺寸。

间接测量法

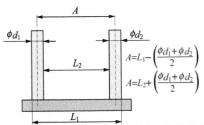

$$A=L_1-\left(\frac{\phi d_1+\phi d_2}{2}\right)$$

$$A=L_2+\left(\frac{\phi d_1+\phi d_2}{2}\right)$$

利用游标卡尺和圆柱芯棒测量零件的孔的中心距尺寸。

照片2.1

在测量过程中，不管使用哪种测量方法，都会不可避免地出现测量误差，测量误差大，说明测量精度低；反之，测量误差小，则说明测量精度高。

要减小测量误差、提高测量精度，就需要我们掌握各类量具的使用方法，提高测量技能。

2.2 钳工常用量具的分类

根据量具的使用特性不同，钳工常用的量具可以分为三类，如表2.1所示。

表2.1 钳工常用量具分类

分 类	说 明	常用量具举例
万能量具	这类量具上带有刻度线，可以在测量时读出零件形状或尺寸的误差数值	千分尺　　量角器　　游标卡尺
专用量具	这类量具没有刻度线，无法测量出零件的实际尺寸，但可以用来测定零件的形状或尺寸是否合格	塞规　　塞尺　　刀口直尺　　刀口角尺

分　类	说　明	常用量具举例
标准量具	这类量具通常用来校对或调整其他量具，也可以用来作为标准与被测量对象进行比较	量　块

2.3　钳工常用量具的使用

2.3.1　刀口直尺

刀口直尺通常用来测量面积较小的零件的平面度和直线度误差，如图2.2所示。刀口直尺的测量精度较高，一般可以精确到0.001mm左右。其尺寸规格为刀口面的有效测量长度，钳工常用有100mm、150mm、200mm等。

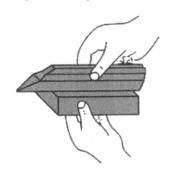

选择刀口直尺主要依据零件被测量面的长度，为了保证测量精度的准确性，刀口直尺的有效测量长度应略大于零件被测量面的长度。

图2.2

为了提高测量精度，使用刀口直尺必须注意以下几点：

（1）被测零件的平面度和直线度误差的判断方法常采用透光法，测量时，面对有效光源（如自然光源、日光灯），通过透过的光隙判断测量误差，如照片2.2所示。

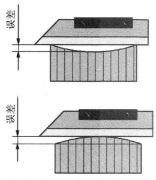

采用透光法测量零件平面度时，如果刀口直尺与被测零件
平面之间透光微弱且均匀，说明该方向直线度误差较小；
如果透光强弱不一，说明该方向误差较大。

照片2.2

（2）测量时，应使刀口直尺与被测表面垂直，以确保测量误差
的真实性，并在被测表面的纵向、横向和对角方向等多处逐一进行测
量，以确定各个方向的直线度误差，如照片2.3所示。

☺ 操作正确

☹ 操作错误

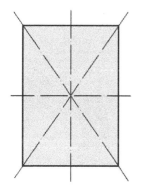

将刀口直尺垂直放置在零件被测表
面上进行测量，测量平面度时，还
需将刀口角尺沿被测表面的纵向、
横向以及对角等方向逐一测量，以
便综合判断零件的平面度质量。

照片2.3

（3） 在被测平面上改变测量位置时，不能在平面上来回拖动，而应提起后再轻放至另一检查位置，否则，刀口直尺的测量面容易磨损，从而降低其测量精度。

2.3.2　刀口角尺

刀口角尺主要用来测量内外90°直角角度误差，即零件相邻两边的垂直度误差，如图2.3所示。

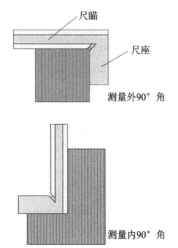

尺瞄

尺座

测量外90°角

测量内90°角

刀口角尺由尺座和尺瞄两部分组成：尺座部分是测量时的基准面；尺瞄部分是测量面，为了降低测量误差，将尺瞄部分制作成刀口形。刀口角尺可以用来测量零件上内、外90°角。

图2.3

使用刀口角尺测量零件垂直度误差时，应注意以下几点：

（1） 测量前，应先将刀口角尺尺座紧贴被测零件的基准面，然后将刀口角尺从上向下轻轻移动，使刀口角尺的尺瞄部分与零件的被测表面相接触，如照片2.4所示。

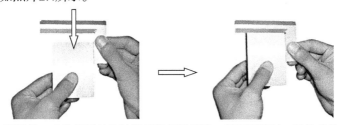

测量前，应先将量具和被测零件擦拭干净，保证测量时，量具的尺座部分能与零件的基准面完全贴合，以确保测量结果的准确性。

照片2.4

（2）测量时，眼睛平视观察透光情况，准确判断零件被测表面与基准表面之间的垂直度误差，如照片2.5所示。

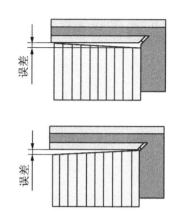

刀口角尺的测量方法与刀口直尺的测量方法大致相同，也是采用透光法判断光隙，以此来判断测量误差。

照片2.5

（3）测量时，刀口角尺不可斜放，以免造成测量结果不准确，如照片2.6所示。

☺ 操作正确

☹ 操作错误

☹ 操作错误

测量时，必须保证量具的尺瞄部分与零件被测表面垂直，切不可倾斜，以免产生不必要的测量误差。

照片2.6

（4）在同一平面内改变不同的检查位置时，刀口角尺不可在零件表面上拖动，以免造成磨损，影响刀口角尺的测量精度。

2.3.3　游标卡尺

游标卡尺是一种中等精度的量具，其结构如照片2.7所示。

孔用量爪　紧固螺钉　活动尺身　主尺尺身

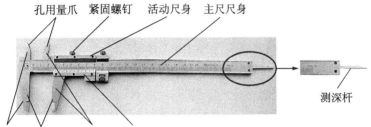

测深杆

固定量爪　轴用量爪　活动量爪　游标

游标卡尺的活动尺身可以沿主尺尺身移动，主尺尺身上装有固定量爪，活动尺身上装有活动量爪，随着活动尺身的移动，量爪之间相互配合，可以用来测量零件尺寸。

照片2.7

1．游标卡尺的应用

游标卡尺可以用来测量零件的轴类尺寸、孔类尺寸、深度尺寸以及孔距尺寸，如图2.4所示。

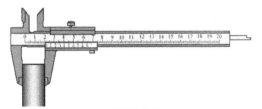

测量轴类尺寸

利用游标卡尺的轴用量爪可以用来测量零件的轴类尺寸，如长度、宽度、高度尺寸以及轴的外圆直径等尺寸。

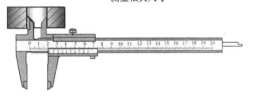

测量孔类尺寸

利用游标卡尺的孔用量爪可以用来测量零件的孔类尺寸，如孔的内径、槽的宽度等尺寸。

图2.4

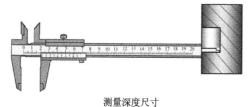

利用游标卡尺的测深杆可以用来测量孔的深度、槽的深度，以及台阶的深度等尺寸。

测量深度尺寸

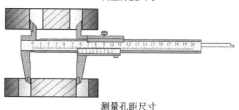

游标卡尺的量爪还可以用来间接测量两孔间的孔距尺寸。为了尽可能减小测量误差，量爪上都加工有刀口形部分，测量时，可以减少量爪与孔壁表面的接触面积，提高测量精度。

测量孔距尺寸

续图2.4

2. 游标卡尺的读数

游标卡尺的刻线原理如图2.5所示。游标卡尺的读数方法如表2.2所示。

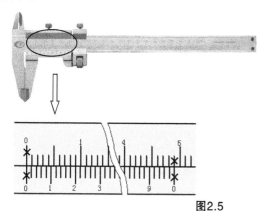

游标卡尺主尺尺身上每一小格为1mm，当两量爪合并时，游标上的50小格正好与主尺尺身上的49mm相对齐，因此，主尺尺身与游标每小格之差为：1-49/50=0.02mm，即游标卡尺的刻线精度为0.02mm。

图2.5

3. 游标卡尺的测量要点

（1）测量前，应先检查游标卡尺的零位精度，以免影响测量精度，如照片2.8所示。

（2）测量时，游标卡尺的测量量爪必须与零件上的被测表面完全接触，避免量爪倾斜，以免增加测量误差，如照片2.9所示。

（3）读数时，游标卡尺刻线应尽量与视线平齐，以保证读数的准确性，如照片2.10所示。

表2.2 游标卡尺的读数方法

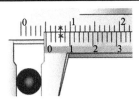

步　骤	说　明	读　数
第一步	读出游标上零线左面主尺尺身上的毫米整数	上图中主尺尺身上毫米整数为：5mm
第二步	读出游标上哪一条刻度线与固定尺身上某刻度线对齐	上图中游标上自零位线向右第三格刻度线与主尺尺身刻度线相对齐(图中画"✕"的位置)
第三步	把主尺尺身和游标上的尺寸加起来即为测得的尺寸	主尺尺身上的尺寸：5mm 游标上的尺寸：3（格）×0.02mm 测得尺寸：5+3×0.02=5.06mm

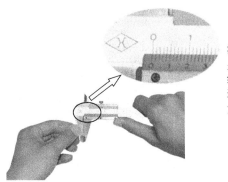

游标卡尺使用前，应先检查主尺尺身上的零位线是否与游标上的零位线相对齐。
若发现量具存在误差，应及时送计量室进行检定。

照片2.8

☺ 操作正确

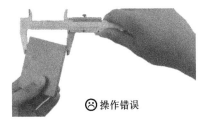

☹ 操作错误

游标卡尺的测量量爪必须与零件被测表面完全接触，否则将由于测量方法不正确，造成测量误差增大，测量精度下降。

照片2.9

读数时，游标卡尺的刻度线应与视线相平齐，并保证量爪始终与零件被测表面贴紧，以确保读数的准确性。

照片2.10

（4）在照片2.11所示情况下，应避免使用游标卡尺测量。

避免使用游标卡尺测量毛坯零件（如铸造件、锻造件等），否则容易使量具很快磨损而失去精度。

☹不用游标卡尺测量锻造的零件

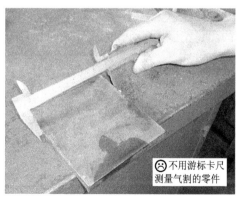

表面温度＞40℃的零件（如气割后未完全冷却的零件）应避免使用游标卡尺进行测量，以免使量具受热变形，影响量具测量精度。
同时游标卡尺测量的零件尺寸精度应控制在IT10～IT16以内。

☹不用游标卡尺测量气割的零件

照片2.11

4．其他游标卡尺

机械制造中，除了上述介绍的游标卡尺外，还经常使用如图2.6所示的游标卡尺。

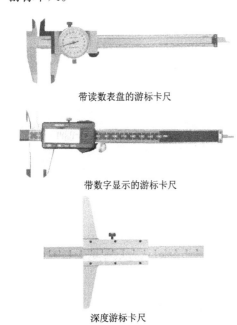

带读数表盘的游标卡尺

带数字显示的游标卡尺

为了方便操作者进行读数，有些游标卡尺还带有读数表盘或数字显示器，这些游标卡尺的读数精度比较高，一般可达到0.01mm。

深度游标卡尺主要用于测量孔、槽的深度以及阶台的高度，其读数方法与其他种类游标卡尺的读数方法相同。

深度游标卡尺

图2.6

2.3.4　外径千分尺

千分尺是一种精密量具，它的测量精度比游标卡尺高，而且比较灵敏，其结构如图2.7所示。

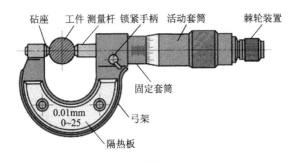

砧座　工件　测量杆　锁紧手柄　活动套筒　　棘轮装置

固定套筒

0.01mm
0~25

弓架

隔热板

图2.7

1. 外径千分尺的刻线原理

外径千分尺的刻线原理如照片2.12所示。

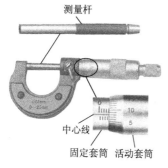

固定套筒上刻有主刻线（中心线上部）和副刻线（中心线下部），主、副刻线每格相距0.5mm，测量杆中部带有螺纹，其螺距为0.5mm，当活动套筒旋转一周时，测量杆就移动0.5mm。活动套筒圆锥面上共刻有50格，因此活动套筒每转一格，测量杆就移动0.5÷50＝0.01mm，外径千分尺的测量精度即为0.01mm。

照片2.12

2. 外径千分尺的读数方法

外径千分尺的读数方法如表2.3所示。

表2.3　外径千分尺的读数方法

步　骤	说　明	读　数
第一步	读出活动套筒边缘在固定套筒主、副刻线处的毫米数或0.5毫米数	上图中固定套筒上毫米数为：4mm
第二步	看活动套筒上哪一格与固定套筒上基准线对齐，并读出不足0.5毫米的数	上图中活动套筒上自零位线向上第8格刻度线与固定套筒刻度线相对齐（画"✕"的位置）
第三步	把两个读数加起来就是测得的实际尺寸	固定套筒上的尺寸：4mm 活动套筒上的尺寸：8（格）×0.01mm 测得的尺寸为：4+8×0.01=4.08mm

3. 外径千分尺的测量要点

（1）钳工常用的千分尺按测量范围不同，其规格分别有：0～25mm、25～50mm、50～75mm、75～100mm、100～125mm等，使用时根据被测零件的尺寸进行选用，如照片2.13所示。

（2）测量前应检查千分尺零位的准确性，如照片2.14所示。

（3）为了防止测量时产生不必要的误差，测量前应将千分尺的测量面和零件的被测量面擦拭干净，以保证测量的准确性，如照片2.15所示。

选择千分尺规格时，可以参考其隔热板上的相关信息。通常在隔热板上会标注千分尺的测量精度和测量范围。

0.01mm
0~25mm

照片2.13

千分尺检验芯棒

千分尺的砧座与测量杆平面相接触后（0~25mm千分尺能直接接触，其余尺寸规格的千分尺需在砧座与测量杆平面之间放置专用检验芯棒），固定套筒零位线与活动套筒零位线必须对齐，若不对齐，说明千分尺存在刻线误差，需及时送交计量室检定。

照片2.14

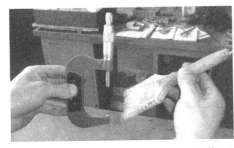

测量前，应将千分尺砧座、测量杆表面以及零件的被测量面清理干净，可以用毛刷或不易产生棉屑的纯棉布清理量具和零件，但不可以使用棉纱，以免棉屑掉落在测量面上，造成新的测量误差。

照片2.15

（4）用千分尺测量时，要用双手进行测量，如照片2.16所示。

（5）测量平面尺寸时，一般最少测量零件四角和中间共五点，狭长平面最少测量两头和中间共三点，如图2.8所示。

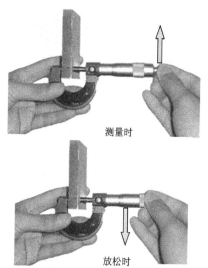

测量时

放松时

千分尺测量方法：左手握住千分尺弓架，使砧座与零件测量面相接触，右手向上旋动千分尺的棘轮装置，测量杆随棘轮装置旋转，逐步与零件测量面接触，在听到棘轮装置发出"咔咔"声后，可进行读数。

提示：

（1）千分尺的砧座及测量杆表面必须与零件测量面完全接触，以提高测量精度。

（2）松开千分尺时，应旋动活动套筒，不可再旋动棘轮装置，以防棘轮装置旋松脱落。

照片2.16

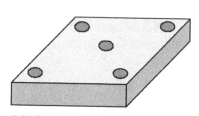

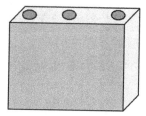

为提高测量精度的准确性，平面上选择的测量点数不可过少，一般选择测量面的四角和中间共五个测量点，若测量面较大，可在此基础上适当增加测量点数；若测量面较小，则至少选择测量面的两头和中间共三个测量点。

图2.8

4. 其他千分尺

其他千分尺如照片2.17所示。

螺纹千分尺

螺纹千分尺用于测量螺纹的中径尺寸，测量时需要根据不同的螺距选用相应的测量头。

照片2.17

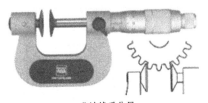

公法线千分尺用于测量齿轮的公法线长度，两个测量砧的测量面为两个互相平行的圆平面。

公法线千分尺

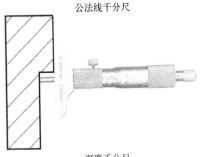

深度千分尺没有尺架，主要用于测量孔和沟槽的深度以及两平面间的距离。

深度千分尺

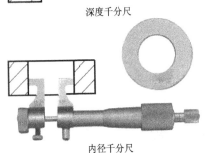

内径千分尺用于测量孔类尺寸，如测量孔径，沟槽宽度等。

内径千分尺

续照片2.17

2.3.5 量角器

量角器是用来测量零件内外角度的量具，如照片2.18所示。

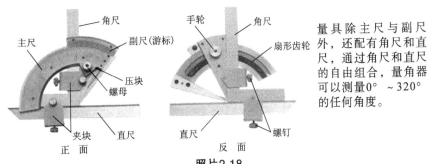

量具除主尺与副尺外，还配有角尺和直尺，通过角尺和直尺的自由组合，量角器可以测量0°～320°的任何角度。

照片2.18

1. 量角器的刻线原理

量角器的刻线原理如照片2.19所示。

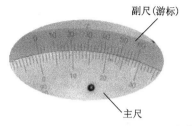

副尺（游标）

主尺

量角器的主尺刻线每格是1°，副尺（游标）上共刻有30小格，并与主尺上29°刻线相对齐，即副尺（游标）上每格所对的角度为29°/30，因此，主尺每格与副尺（游标）每格相差：1°-29°/30=2′，即量角器的测量精度为2′。

照片2.19

2. 量角器的读数方法

量角器的读数方法如表2.4所示。

表2.4 量角器的读数方法

步　骤	说　　明	读　　数
第一步	读出主尺上副尺（游标）零线前的整度数	上图中主尺上的整度数为：54°
第二步	看副尺（游标）上哪一格刻线与主尺刻线对齐	上图副尺（游标）第15格刻线与主尺刻线对齐(图中画"✗"的位置)
第三步	把两个读数加起来就是所测的角度数值	主尺度数：54° 副尺（游标）度数：15（格）×2′ 角度数值为：54°+15×2′=54°30′

注：表2.4中读数以量角器主尺第一排角度数值为例。

3. 量角器的测量范围

　　量角器测量时，可转动量角器背面的手轮，如照片2.20所示，通过小齿轮转动扇形齿轮，使副尺相对主尺产生转动，从而改变量角器的测量角度。

　　使用量角器可以测量零件的角度误差，其测量方法如照片2.21所示。量角器的测量范围如照片2.22所示。

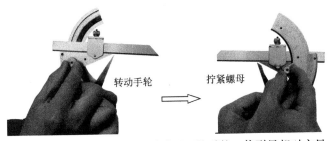

转动手轮   拧紧螺母

松开量角器螺母后，可通过转动反面的手轮，使副尺相对主尺转动，从而改变量角器的测量角度，测量角度调节完毕，必须拧紧螺母，以防止测量时，测量角度发生变化。

照片2.20

使用量角器时可利用透光法判断零件的角度误差，光隙大，零件的角度误差大：光隙小，零件的角度误差小。

测量时，量角器应与零件测量面相垂直，以减小测量误差。

照片2.21

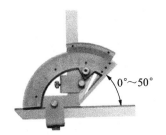

0°~50°

测量0°~50°角度值时，量角器需同时组合角尺和直尺。

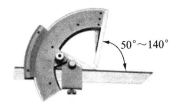

50°~140°

测量50°~140°角度值时，量角器只需组合直尺。

照片2.22

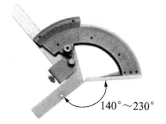

测量140°~230°角度值时，量角器只需组合角尺。

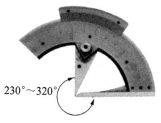

测量230°~320°角度值时，量角器不需组合角尺或直尺。

续照片2.22

2.3.6　百分表

百分表是一种精度较高的比较量具，它只能测出相对数值，不能测出绝对数值，主要用于测量形状和位置误差，也可用于机床上安装零件时的精密找正，如图2.9所示。

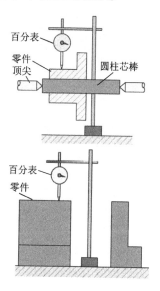

检查零件外圆相对于内孔的圆跳动误差。

检查零件的两个加工表面的平行度误差。

图2.9

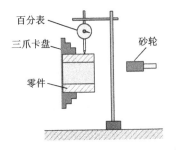

百分表

三爪卡盘

砂轮

零件

在机床上安装零件时，需要找正其
外圆。

续图2.9

1. 普通外径百分表

1）普通外径百分表的结构

普通外径百分表结构如照片2.23所示。普通外径百分表测量精度
可达0.01mm，即长指针绕圆周方向转动一格，测量杆沿轴线方向移
动0.01mm，刻度盘共有刻线100格，即长指针旋转一周，测量杆移动
1mm，短指针用来显示测量杆移动的毫米数，一般普通外径百分表的
测量范围为1～10mm。

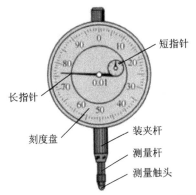

短指针

长指针

刻度盘

装夹杆

测量杆

测量触头

照片2.23

百分表的刻度盘可以360°旋转，
根据长指针停留的不同位置，旋转
刻度盘可以得到不同的零位点，方
便操作者判断零件的测量误差的数
值。

2）普通外径百分表的测量方法

普通外径百分表使用时需要与磁性表座和测量平板配合使用，如
照片2.24所示。

以测量零件平行度误差为例，普通外径百分表的读数方法如表2.5
所示。

3）普通外径百分表使用要点

（1）普通外径百分表主要用来测量零件的外轮廓表面，使用时必

须使测量杆与零件被测表面相垂直，如照片2.25所示。

磁性表座带有安装百分
表的附件，使用时可以
通过附件调整百分表的
安装位置。

照片2.24

表2.5　普通外径百分表的读数方法

步　骤	图　示	说　明
第一步		调整百分表测量位置，为防止测量时，测量杆移动量超出测量范围，可使测量杆压入零件测量面深度控制在0.2mm左右
第二步		转动百分表刻度盘，使起点测量位置处的读数为"0"

步　骤	图　示	说　明
第三步		缓慢移动零件（测量面全长移动），观察长指针的转动格数，以"0"刻线为基准，顺时针转动读"+"，逆时针转动读"–"
第四步	最大格数为"+6"格 最小格数为"–3"格	找出测量格数的最大值和最小值，按公式|（最大格数）–（最小格数）|计算，即可判断出零件的测量误差。 误差格数为：|（+6）–（–3）|=9（格） 误差为：9×0.01=0.09（mm）

测量时，百分表的测量触头应与零件测量表面垂直，不可倾斜放置，以免测量时，造成测量误差增大，影响读数精度。

照片2.25

（2）测量时，零件在测量平板上拖动速度应适当，避免因拖动速度过快造成测量误差加大。

2. 其他百分表

1）杠杆百分表

杠杆百分表的结构如照片2.26所示。杠杆百分表的测量精度与普通外径百分表相同。

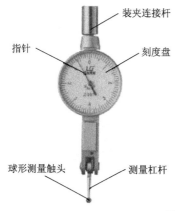

由于杠杆百分表采用测量杠杆作测量元件，既可以测量零件的外轮廓表面，同时也可以测量零件的内轮廓表面，能适应更多零件类型的测量，但测量杠杆压入零件表面的深度较小，一般为0~0.8mm，所以，杠杆百分表一般用来测量误差不大的零件。

照片2.26

杠杆百分表测量时应注意以下几点：

（1）杠杆百分表使用时需保持测量杆与零件被测表面之间呈30°左右的斜角，如照片2.27所示。

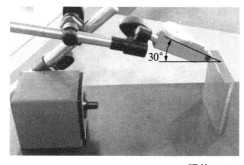

杠杆百分表测量时，也需要与磁性表座、平板一起配合使用，其测量触头为球形，测量杆的测量位置通常为倾斜状态，但倾斜角度不宜过大，一般为30°左右。

照片2.27

（2）测量时，杠杆百分表切不可垂直放置，如照片2.28所示。

（3）利用杠杆百分表还可以测量零件内轮廓面，如照片2.29所示。

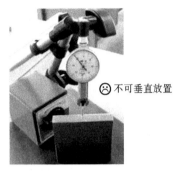
😞不可垂直放置

😞不可左右倾斜

由于测量杠杆只能在倾斜状态下作上下摆动，所以，杠杆百分表不可与零件测量面垂直放置，也不可左右倾斜放置，以免造成量具测量运动失效，影响测量精度。

照片2.28

测量杠杆运动自如，不可有干涉，以免影响测量精度，零件可前后、左右位移，但位移时也应注意测量杠杆的干涉问题。
测量杆压入深度不宜过深，一般控制在0.2mm左右，压入深度过深，易造成量具的损坏，同时也无法正确测量出零件的误差。

照片2.29

2）内径百分表

内径百分表可以用来测量孔径和孔的形状误差，如照片2.30所示。通过更换可换触头，可改变内径百分表的测量范围。

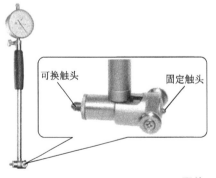

可换触头   固定触头

内径百分表的测量精度为0.01mm。其可换触头与固定触头之间有一定的尺寸距离，所以内径百分表的测量范围会受到该尺寸的限制，一般最小测量尺寸为6mm。
测量时，固定触头压入零件测量表面，并带动百分表指针转动，固定触头压入零件表面深度一般控制在0.2mm左右。

照片2.30

内径百分表在测量时，需要左右摆动百分表，如图2.10所示。

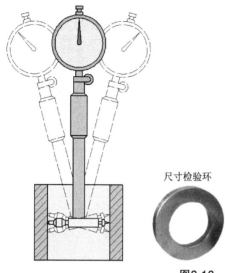

尺寸检验环

图2.10

内径百分表在测量时，需左右摆动百分表。以刻度盘中指针指向的最小值作为参考测量值。

在内孔圆周表面选取多个测量点，将各测量点测得的参考值进行比较，即可得出内孔的圆度误差。

若需测量内孔的尺寸，还需配有专用的内径百分表尺寸检验环，将检验环的测量值与内孔的测量值进行比较，即可得出内孔的尺寸。

2.3.7　塞　尺

塞尺又称为间隙片或厚薄规，主要用来检验两个结合面之间的间隙大小，如照片2.31所示。

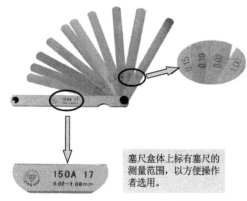

塞尺盒体上标有塞尺的测量范围，以方便操作者选用。

照片2.31

每一片塞尺片上都标有具体的尺寸值，操作者可以根据这些数值选取合适的塞尺片测量零件间隙，通过塞尺片之间的组合，还可以扩大塞尺的测量范围，如将0.10mm和0.02mm组合，可以测量0.12mm的间隙。

塞尺测量时，根据间隙的大小，选用一片或数片重叠在一起插入间隙内，检测零件配合间隙，如照片2.32所示。塞尺无法检测出零件配合间隙的具体数值，但可以判断配合间隙的范围。例如：零件允许配合间隙为0.05mm，检测时选用0.05mm的塞尺，不能插入间隙中，再选用0.03mm的塞尺，能插入间隙中，则判断配合间隙为：0.05mm>δ>0.03mm。

照片2.32

2.3.8　半径规

半径规是钳工用来检验零件内外圆弧的样板量具，如照片2.33所示。钳工常用的半径规的测量范围有：$R1 \sim R6.5mm$、$R7 \sim R14.5mm$、$R15 \sim R25mm$等。

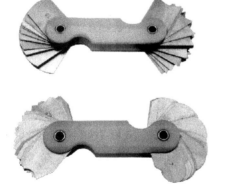

半径规的测量方法与刀口直尺的测量方法相似。

照片2.33

使用半径规检验零件圆弧精度时，应使半径规垂直于零件被测表面，否则将影响测量的准确性，如照片2.34所示。

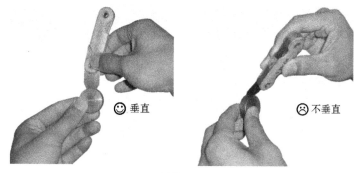

☺ 垂直　　　　　　　　　　　☹ 不垂直

照片2.34

测量时，采用透光法判断零件圆弧误差，如图2.11所示。

半径规

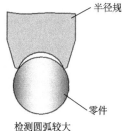

零件

检测圆弧较小　　　检测圆弧较大

图2.11

半径规测量零件时，采用透光法判断零件圆弧误差，当透过的光隙大小均匀，说明零件圆弧误差较小，反之，透过的光隙不均匀，说明零件圆弧误差较大。

2.3.9 量 块

1．量 块

量块是机械制造业中长度尺寸的标准，如照片2.35所示。量块可以对量具和量仪进行检验校正，也可以用于精密划线和精密机床的调整，当量块与其他量具配合使用时，还可以测量某些精度要求较高的零件尺寸。

量块是用不易变形的耐磨材料（如铬锰钢）制成的长方形六面体，它有两个主要工作面和四个非工作面。主要工作面是一对相互平行且平面度误差极小的平面，量块的主要工作面具有较高的研合性，如照片2.36所示。

2．量块测量方法

使用量块配合百分表可以准确地测量零件尺寸，其测量方法如表2.6所示。

照片2.35

量块规格以每套量块块数不同加以
区分，钳工常用的有87块一套和42
块一套等几种。

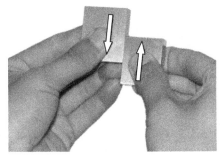

照片2.36

由于量块具有较高的研合性，因此
可以把不同基本尺寸的量块组合成
量块组，得到所需要的尺寸。
但量块研合也会产生微量的尺寸误
差，因此，应控制量块研合的数
量，一般规定：87块一套的量块，
研合数量不超过四块；42块一套的
量块，研合数量不超过五块。

表2.6　零件尺寸的测量方法

步　骤	图　示	说　明
第一步	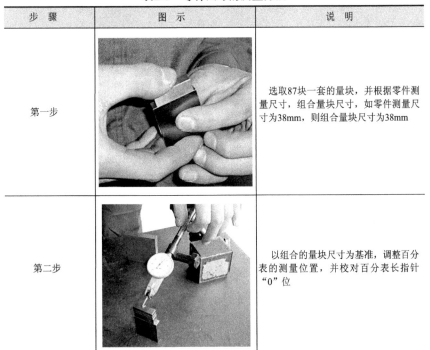	选取87块一套的量块，并根据零件测量尺寸，组合量块尺寸，如零件测量尺寸为38mm，则组合量块尺寸为38mm
第二步		以组合的量块尺寸为基准，调整百分表的测量位置，并校对百分表长指针"0"位

步　骤	图　示	说　明
第三步		利用百分表在零件测量面的全长范围内检测出误差格数
第四步	最小格数为"-3"	将百分表误差格数与"0"位相比较，即可得出零件的实际尺寸。零件的实际尺寸为：量块尺寸+百分表读数尺寸，即 38+(-3)×0.01=37.97（mm）

3. 量块使用注意事项

量块使用时，需注意的事项如照片2.37所示。

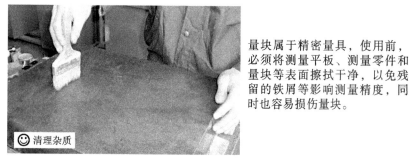

量块属于精密量具，使用前，必须将测量平板、测量零件和量块等表面擦拭干净，以免残留的铁屑等影响测量精度，同时也容易损伤量块。

照片2.37

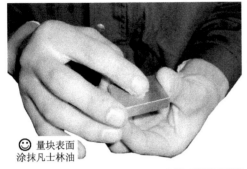

量块使用完毕后，必须用纯棉布蘸取100%酒精将量块表面擦拭干净，并在量块表面涂抹凡士林油。

☺ 量块表面
涂抹凡士林油

量块都为成套领用，不使用的量块必须及时放置在量块盒中，防止量块缺失。

☹ 量块不可
杂乱放置

续照片2.37

2.4 量具的维护与保养

量具的维护与保养方法如照片2.38所示。

☺ 量具与工具分开放置

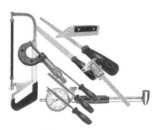

☹ 量具与工具混放

量具使用时，不可与工具、刃具混放在一起，以免造成量具磨损、测量精度下降。

照片2.38

量具擦拭涂油:量具使用完毕,需及时将量具擦拭干净,并涂抹防锈油,并将量具放入专用盒中,保存于干燥环境。

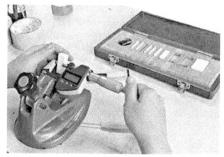

量具定期检测:量具长时间不使用时,应送交量具库统一保管。日常使用的量具也应定期送量具室校验、修理,以确保量具的测量精度,延长量具使用寿命。

续照片2.38

思考与练习

1. 测量的含义是什么?

2. 钳工常用的测量有哪几种?

3. 钳工常用的量具有哪几类?不同类型的量具都具有哪些特点?

4. 简述刀口直尺的测量方法。

5. 简述刀口角尺的测量方法。

6. 简述游标卡尺的应用。

7. 简述百分表的应用场合。

8. "塞尺可以用来测量配合间隙的大小,但不能读出绝对数值",这句话正确吗?请阐述理由。

9. 简述量具的维护和保养方法。

第3章

划　　线

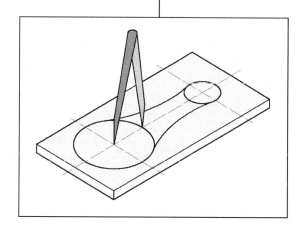

划线是指在毛坯或零件上，用划线工具划出待加工部位的轮廓线或作为基准的点、线。划线是机械加工的重要工序之一，广泛应用于单件和小批量生产。根据划线对象不同，划线可以分为平面划线和立体划线两种，如照片3.1所示。

平面划线   立体划线

照片3.1

划线除要求划出的线条清晰、均匀外，最重要的是要保证尺寸准确。一般的划线精度能达到0.25～0.5mm。

3.1 平面划线

平面划线是使用划线工具在零件的一个表面上划出能明确表示零件加工界线的划线方法，如图3.1所示。

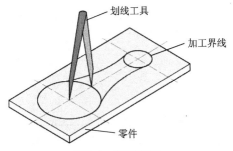

划线工具

加工界线

零件

图3.1 平面划线

3.1.1 划线基准

划线基准是指在划线时选择零件上的某个点、线、面作为依据，用它来确定零件的各部分尺寸、几何形状及零件上各要素的相对位置。划线基准的类型主要有三种，如图3.2所示。

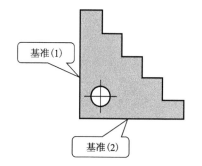

当零件具有两个相互垂直的平面（或线）时，应选择两个相互垂直的平面（或线）作为划线基准。

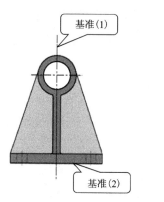

当零件为对称结构（左右对称或上下对称）时，应选择中心线作为划线基准。例如，选择一个平面（或线）与一条相互垂直的中心线作为划线基准。

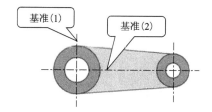

当零件主要结构为圆弧或孔时，应选择两条相互垂直的中心线作为划线基准。

图3.2

3.1.2 划线工具

1. 划线平台

划线平台又称为划线平板，一般由花岗岩或铸铁制成，其工作表面具有较高的平面度精度，可作为划线时的基准平面，如照片3.2所示。花岗岩划线平台在性能上优于铸铁划线平台，主要表现在：

（1）不会出现毛刺；

（2）不会生锈；

（3）尺寸受温度影响小；

（4）无扭曲变形。

铸铁划线平台　　　　　　　　　花岗岩划线平台

照片3.2

划线平板使用要点如照片3.3所示。

划线平板放置时应使平板表面处于水平状态。

零件和工具在平板上都要轻拿轻放，不可损伤其工作表面。

照片3.3

平板工作表面应经常保持清洁。

划线平板使用完毕后要擦拭干净，并涂上机油防锈。

续照片3.3

2．钢直尺

钢直尺是一种简单的尺寸量具，如图3.3所示。

钢直尺的尺面上刻有尺寸刻线，最小刻线距为0.5mm，它的长度规格有多种，如150 mm、300 mm、1000 mm等。

图3.3

钢直尺可以用来量取尺寸，也可作为划直线时的导向工具，如照片3.4所示。

量取尺寸

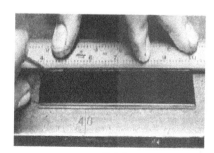

划直线

照片3.4

3．划　针

划针主要用来在零件表面上划线条，一般用工具钢或弹簧钢制成，如照片3.5所示。

15°～20°

划针端部磨成15°~20°的夹角，直径一般为3～5mm，并经淬火处理，有的划针在尖端部焊有硬质合金，耐磨性更好。

照片3.5

划针使用要点如照片3.6所示。

划线的时候，针尖要紧靠在导向工具的边缘，上部向外侧倾斜15°～20°，向划线移动方向倾斜45°～75°，以保证划线精度的准确性。

针尖要保持尖锐，划线要尽量一次划成，使划出的线条清晰、准确。

划针不用时，划针不能插在衣袋中，最好套上塑料管不使针尖外露。

照片3.6

4. 划 规

划规常采用中碳钢或工具钢制成，主要用来划出圆和圆弧轮廓线，也可用来等分线段、角度以及量取尺寸等，常用的划规如图3.4所示。

普通划规

普通划规结构简单，制造方便，应用较为广泛。

调节螺母

弹簧划规

弹簧划规使用时，通过旋转调节螺母，可以方便地调节尺寸，但该划规结构刚性较差，一般用于光滑表面上划线。

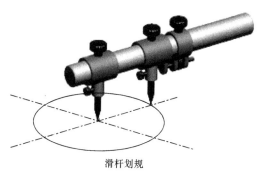

滑杆划规

滑杆划规主要用来划大尺寸的圆。

图3.4

划规使用要点如照片3.7所示。

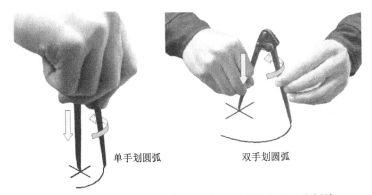

单手划圆弧　　　　　双手划圆弧

划规在使用时，应压住划规一脚加以定心，再转动另一脚划线。

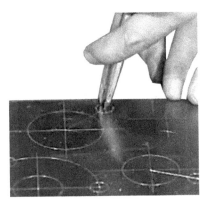

划规必须保持脚尖的尖锐，以保证划出的线条清晰。

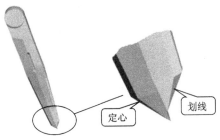

定心　　划线

使用划规划尺寸较小的圆时，必须把划规两脚的长短磨得稍有不同，定心的一脚略长，划线的一脚略短，以便顺利划出小圆。同时，划规两脚在合拢时脚尖应能靠紧，以提高划线精度。

照片3.7

5．样　冲

样冲是用来在已划好的加工线条上打出冲点作为标记，或用来为划圆弧、钻孔定中心。常用的样冲如图3.5所示。

普通样冲

自冲式样冲

60°

图3.5

样冲一般用工具钢制成，尖端处淬硬，冲尖顶角磨成40°～60°，一般在用于钻孔定中心时，尖角取较大值。

使用样冲冲点的方法如照片3.8所示。

找正冲点

冲　点

用普通样冲冲点时，要先找正再冲点。找正时将样冲外倾使尖端对准线的正中，然后再将样冲直立。冲点时先轻打一个印痕，检查无误后再重打冲点，以保证冲眼在线的正中。

自冲式样冲，只需找正后，用力下压，在弹簧的作用下，就能在所需的位置冲出正确的冲眼。

自冲式样冲冲点方法

照片3.8

冲点时的注意事项如下：

（1）冲点位置要准确，不可偏心，如图3.6所示。

（2）直线上的冲点距离可大些，但在短直线上至少要有三个冲点，如图3.7所示。

（3）在圆周上冲点距离要小些，直径小于20mm圆周上应有4个冲点，而直径大于20mm的圆周线上应有8个冲点，如图3.8所示。

（4）在线条的相交处和拐角处必须打上冲点，如图3.9所示。

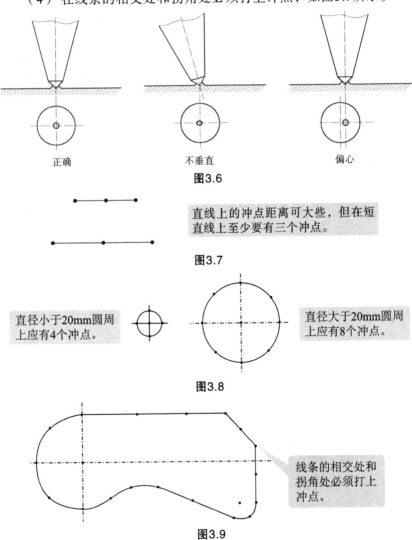

正确　　　　　　　　不垂直　　　　　　　　偏心

图3.6

直线上的冲点距离可大些，但在短直线上至少要有三个冲点。

图3.7

直径小于20mm圆周上应有4个冲点。

直径大于20mm圆周上应有8个冲点。

图3.8

线条的相交处和拐角处必须打上冲点。

图3.9

（5）粗糙毛坯表面冲点应深些，光滑表面或薄壁零件应浅些，而精加工表面绝不可以打上冲点。

3.1.3 划线表面涂色

为了使划出的线条清晰，可以在零件的划线部位涂上薄而均匀的划线涂料，如照片3.9所示。

为了使划出的线条清楚，可以在零件的划线部位涂上薄而均匀的划线涂料。

照片3.9

钳工划线时，常用的涂料主要有石灰水、酒精色溶液等，如照片3.10所示。

石灰水：石灰水涂料一般用于表面粗糙的锻造件、铸造毛坯等的表面涂色。

酒精色溶液:酒精色溶液（如蓝油）一般用于已加工过的表面涂色。

照片3.10

3.1.4　划线方法

平面划线时，常用的划线方法如表3.1所示。

表3.1　常用平面划线方法

划线要求	图　示	划线方法
将线段AB进行五等分（或若干等分）		① 由A点作一射线并与已知线段AB成某一角度； ② 从A点在射线上任意截取五等分点a、b、c、d、C； ③ 连接BC，并过a、b、c、d分别作BC线段的平行线，在AB线段上的交点即为AB线段的五等分点
作与线段AB距离为R的平行线		① 在已知线段上任取两点a、b； ② 分别以a、b为圆心，R为半径，在同侧作圆弧； ③ 作两圆弧的公切线，即为所求的平行线
过线外一点P，作线段AB的平行线		① 在AB线段上取一点O； ② 以O为圆心，OP为半径作圆弧，交AB于a、b； ③ 以b为圆心，aP为半径作圆弧，交圆弧ab于c； ④ 连接Pc，即为所求平行线
过已知线段AB的端点B作垂直线段		① 以B为圆心，取Ba为半径作圆弧交线段AB于a； ② 以Ba为半径，在圆弧上截取圆弧段ab和bc； ③ 分别以b、c为圆心，Ba为半径作圆弧，交点于d； ④ 连接Bd，即为所求垂直线段
作与两相交直线相切的圆弧线		① 在两相交直线的角度内，作与两直线相距为R的两条平行线，交点于O； ② 以O为圆心，R为半径作圆弧
作与两圆弧线外切的圆弧线		① 分别以O_1和O_2为圆心，以R_1+R和R_2+R为半径作圆弧交于O； ② 以O为圆心，R为半径作圆弧

划线要求	图　示	划线方法
作与两圆弧线内切的圆弧线		① 分别以 O_1 和 O_2 为圆心，以 $R-O_1$ 及 $R-R_2$ 为半径作圆弧交于 O； ② 以 O 为圆心，R 为半径作圆弧
作与两相向圆弧相切的圆弧线		① 分别以 O_1 和 O_2 为圆心，以 $R-R_1$ 及 $R+R_2$ 为半径作圆弧交于 O； ② 以 O 为圆心，R 为半径作圆弧

3.2　立体划线

　　立体划线是在零件上几个互成不同角度（通常是互相垂直）的表面上划线，才能明确表示加工界线的划线方法，如图3.10所示。

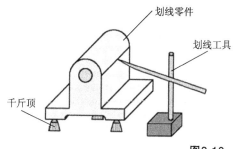

立体划线时，零件的每一个方向都需要选择一个基准，所以，立体划线需要在长、高、宽三个方向选择划线基准。

图3.10

3.2.1 划线工具

1．方　箱

方箱主要用于夹持零件并能翻转位置而划出垂直线，一般附有夹持装置并在方箱上配有V形槽，用来装夹圆柱类零件，如照片3.11所示。

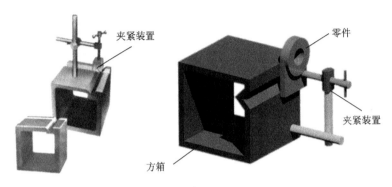

照片3.11

2．V形架

V形架通常是两个一起使用，用来放置圆柱形零件，划出零件的中心线，或找出中心等，如照片3.12所示。

3．直角铁

直角铁可以将零件装夹在直角铁的垂直面上进行划线。装夹时可用C形夹头或压板压紧零件，如图3.11所示。

V形架一般两个一起使用。利用V形架可以划出圆柱体的中心线。

照片3.12

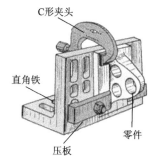

直角铁可将零件装夹在直角铁的垂直面上进行划线。装夹时可用C形夹头或压板压紧零件。

图3.11

4．千斤顶

千斤顶主要用来支撑不规则的零件，通过调节千斤顶高度，可以用来找正零件的水平，如照片3.13所示。使用千斤顶时，通常为三个一组，以便更稳固地支撑零件。

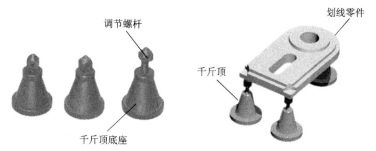

调节时，可旋动千斤顶上端螺杆，使顶起的高度上升或下降，并使用划线盘找正。

照片3.13

5．划线尺

常用的划线尺主要有高度游标划线尺和划线盘。

1）高度游标划线尺

高度游标划线尺的尺身上带有刻度线，其刻线原理与游标卡尺相同，划线时，可以直接读出高度尺寸，常作为精密划线工具，如图3.12所示。

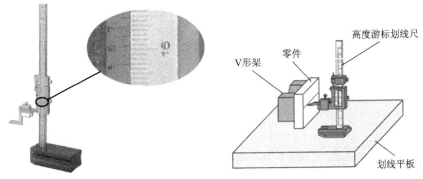

图3.12

2） 划线盘

划线盘用来在划线平板上对零件进行划线或找正位置。划针的直端用来划线，弯头一端用于对零件安放位置的找正，如照片3.14所示。

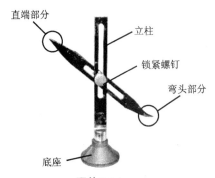

照片3.14

划线盘本身没有刻度线，划线时，需预先量取划线尺寸，如照片3.15所示。

划线盘在划线时，需要将锁紧螺母拧紧，使划针牢固地夹紧在划线盘的立柱上，划针伸出部分应尽量短些，划针与零件划线表面之间保持40°～60°的夹角，底座平面始终与划线平板表面贴紧移动，线条一次划出，如图3.13所示。

钢直尺

照片3.15

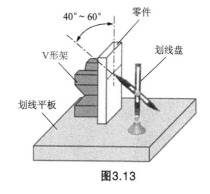

40°~60°　零件

V形架

划线盘

划线平板

图3.13

3.2.2　划线方法

1. 找正基准确定

为了使零件在划线平台上处于正确的位置，必须先找正划线基准，如照片3.16所示。选择零件上与加工部位有关而且比较直观的表面（如凸台、对称中心和非加工的自由表面等）作为找正的基准，使非加工表面与加工表面之间的厚度均匀，并使其形状误差反映到次要的部位或不显著的部位上。

凸台表面

例如，选择零件的凸台表面作为找正基准，使凸台表面经找正后，处于水平位置，其他加工表面可以参照凸台表面，完成相关尺寸的划线操作。

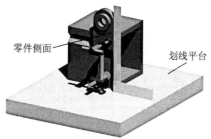

零件侧面

划线平台

在多数情况之下，还必须有一个与划线平台垂直或倾斜的找正基准，例如：选择零件的侧面作为找正基准，使零件侧面与划线平台相垂直，以保证该位置上的非加工表面与加工表面之间的厚度均匀。

照片3.16

2. 划线步骤确定

以如图3.14所示轴承座为例，其划线步骤如表3.2所示。

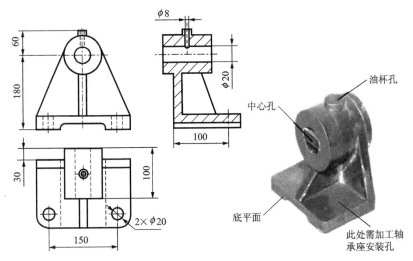

轴承座零件坯料为铸造件，基本形状结构为左右对称形，装配前，需由钳工划线加工轴承座的底平面、中心孔、油杯孔以及轴承座的安装孔。

图3.14

表3.2　轴承座划线方法

步　骤	图　示	说　明
1		在圆柱中心孔内填入塞块，并根据零件的加工要求，确定零件三个不同位置的划线基准分别为1、2、3
2		在轴承座中心孔内塞入软木塞，并调整零件第一找正基准

步　骤	图　示	说　明
3		划出零件第一划线基准线
4		划出底面加工线
5		划出油杯孔顶部加工线
6		调整零件第二找正基准

步 骤	图 示	说 明
7		划出零件第二划线基准线
8		划出油杯孔中心线
9		划出两圆柱孔中心线
10		调整零件第三找正基准

续表3.2

步骤	图示	说明
11	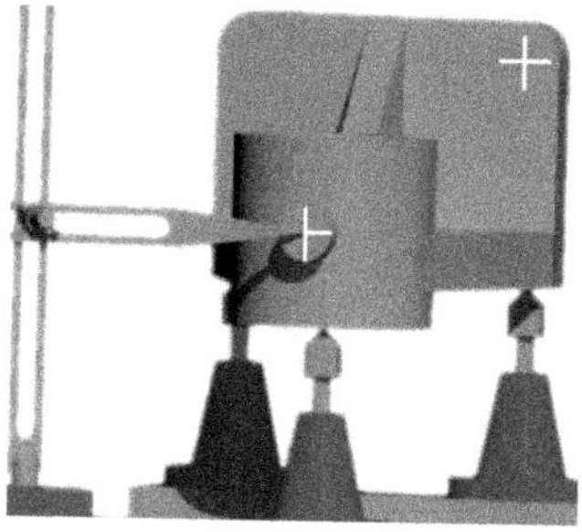	划出油杯孔中心线和两圆柱孔中心线
12	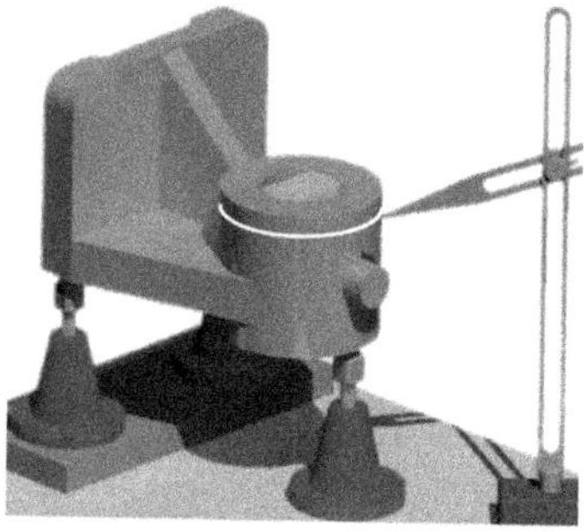	划出圆柱端面加工线
13	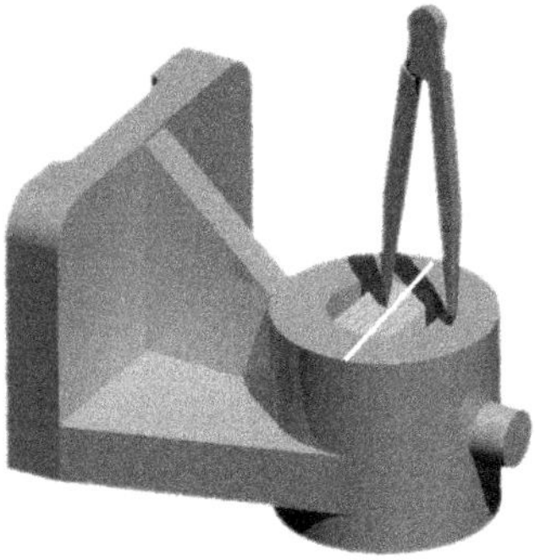	用划规划出圆柱中心孔、两圆柱孔及顶部油杯孔轮廓线

思考与练习

1. 划线基准的选择类型有＿＿＿＿＿＿＿＿、＿＿＿＿＿＿＿和三种类型。

2．一般的划线精度能达到（　　）。

A．0.025~0.05mm　　　　　B．0.25~0.5mm

C．0.25mm左右　　　　　　D．0.5mm左右

3．划线平板放置时应使平板表面处于（　　）状态。

A．水平　　　　　　　　　B．垂直

C．倾斜　　　　　　　　　D．随便

4．如图3.15所示，分别作两圆弧的内、外相切圆弧，内切圆弧半径为R80mm，外切圆弧半径为R40mm（保留作图线）。

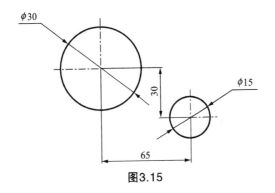

图3.15

5．方箱主要用于_____并能翻转位置而划出_____，一般附有夹持装置并在方箱上配有V形槽。

6．在工件上_____的表面上划线，才能明确表示加工界线的划线方法称为立体划线。

第4章

錾 削

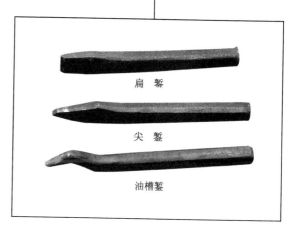

扁 錾

尖 錾

油槽錾

錾削是用手锤打击錾子对金属工件进行切削加工的方法，如照片4.1所示。錾削是钳工工作中一项重要的基本操作。目前錾削工作主要用于不便于机械加工的场合。

照片4.1

通过錾削，可以去除毛坯上的凸缘或毛刺、分割薄板、加工平面，还可以在零件表面錾削沟槽或油槽等，如照片4.2所示。

（a）去除凸缘或毛刺

（b）利用台虎钳钳口切割薄板

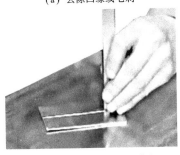

（c）利用砧座或平板切割薄板

去除零件表面上过多的加工余量

（d）錾削平面

照片4.2

通过錾削，可以在零件表面上加工出符合要求的沟槽。

(e) 錾削沟槽

通过錾削，可以在零件配合面上加工油槽，有利于配合面之间的润滑。

(f) 錾削油槽

续照片4.2

4.1　錾削工具

4.1.1　錾　子

錾子一般采用碳素工具钢（T7A）经锻造加工而成，錾子由切削部分、头部以及錾身组成，如照片4.3所示。钳工进行錾削时，常用的錾子主要有扁錾、尖錾和油槽錾，如照片4.4所示。

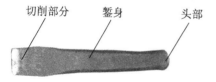

切削部分　　錾身　　　头部

錾子头部有一定的锥度，顶端略带球形，以便于锤击时作用力容易通过錾子的中心线，使錾子在錾削时保持平稳。錾身呈八棱形，以防止錾削时錾子转动。

照片4.3

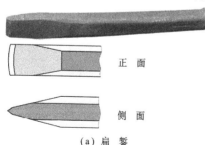

正　面

侧　面

(a) 扁錾

扁錾的切削部分扁平，刃口略带弧形。在平面上錾去微小的凸起部分时，切削刃两边的尖角不易损伤平面，同时在錾削过程中可适当减小錾削时的阻力。主要用来錾削平面、去毛刺和分割板料等。

照片4.4

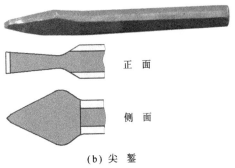

尖錾的切削刃比较短,切削部分的两侧面呈倒锥形,从切削刃到錾身逐渐缩小,以防止錾槽时两侧面被卡住,尖錾主要用来錾削沟槽以及分割曲线形板料。

正　面

侧　面

(b) 尖　錾

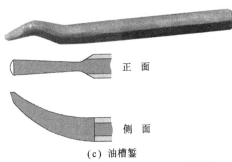

油槽錾常用来在平面或曲面上錾削油槽。油槽錾的切削刃很短,并呈圆弧形,为了方便在内曲面上錾削油槽,其切削部分呈弯曲状。

正　面

侧　面

(c) 油槽錾

续照片4.4

1. 錾子的热处理

为了保证錾子的錾削部分具有良好的硬度和韧性,錾子在使用前必须进行热处理,其热处理过程包括加热、淬火和回火,如照片4.5所示。

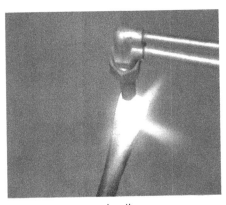

錾子的加热方法可利用气割枪对錾子的切削部分进行加热。加热时需要把錾子的切削部分均匀加热到750~780℃(表面呈樱红色)。

加　热

照片4.5

淬火过程是将錾子垂直地放入冷水中进行冷却(浸入深度为5~6mm)，同时将錾子沿着水面缓慢地移动，以加速錾子冷却，提高淬火硬度。

淬 火

回火是利用錾子本身的余热进行的。当淬火后，錾子露出水面的部分呈黑色时，立即由水中取出，迅速擦去氧化皮，在錾子刃口部分呈紫红色与暗蓝色之间(或紫色)时，将錾子再次放入水中冷却，完成錾子的回火。

回 火

续照片4.5

2. 錾子的刃磨方法

刃磨錾子，就是通过刃磨錾子的两个刀面，形成錾削所需的切削刃和錾子的楔角，如图4.1所示（以扁錾为例）。

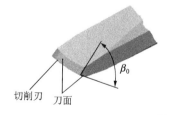

两个刀面的交线称为切削刃。两个刀面之间的夹角称为楔角(β_0)。

图4.1

楔角的大小决定了切削部分的强度及切削时切削阻力的大小。楔角愈大，切削部分的强度愈高，但切削阻力愈大。因此，楔角大小的选择，应在满足强度的前提下，尽量选择较小的楔角。一般情况下，根据材料的软硬来选择楔角，錾硬材料时，楔角取大些，而錾软材料时取小些，具体选择参考表4.1所示。

表4.1　楔角大小的选择

材　料	楔角（β_0）
硬钢或铸铁等硬材料	60º~70º
一般钢料和中等硬度材料	50º~60º
铜、铝、低碳钢等软材料	30º~50º

（1）扁錾的刃磨方法。

扁錾刃磨方法如照片4.6所示。

刃磨时，作用在錾子上的压力不应太大，以免切削刃因过热而退火，必要时，可将錾子浸入水中进行冷却。

将錾子待刃磨的刀面置于旋转着的砂轮轮缘上，并略高于砂轮的中心，且在砂轮的全宽方向作左右移动。刃磨时要掌握好錾子的方向和位置，以保证錾子楔角符合切削要求。两刀面要交替刃磨，以求对称。

照片4.6

（2）尖錾的刃磨方法。

尖錾刃磨方法如照片4.7所示。

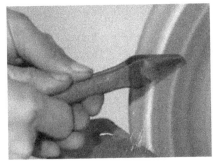

将錾子刃面置于旋转着的砂轮轮缘上，并略高于砂轮的中心，且在砂轮的全宽方向作左右移动。刃磨时要掌握好錾子的方向和位置，以保证刃磨的楔角符合要求。

照片4.7

（3） 油槽錾的刃磨方法。

油槽錾的刃磨方法如照片4.8所示。

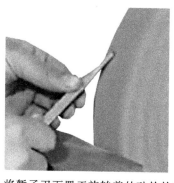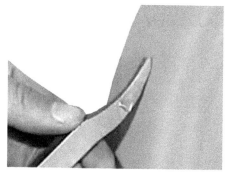

将錾子刃面置于旋转着的砂轮轮缘上，并略高于砂轮的中心，且在砂轮的全
宽方向作左右摆动。錾子圆弧刃刃口的中心点仍应在錾子錾体中心线的延长
线上，錾子前部应磨成弧形。

照片4.8

4.1.2　手　锤

手锤也称榔头，是钳工錾削时用的敲击工具，如照片4.9所示。錾
削用的手锤主要由锤头、木制手柄组成。锤头是硬头手锤，常采用
碳素工具钢（T7）制成，并经淬硬处理。

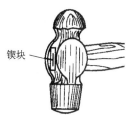

锤头安装在手柄上，为防止锤击过程中，锤头脱落，在手柄头部
还需要嵌入楔块。

照片4.9

4.2 鏨削姿势

4.2.1 鏨削时的站位姿势

鏨削时的站位姿势如照片4.10所示。

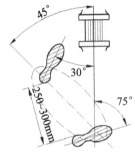

身体与台虎钳中心线大致呈45°角，且略向前倾，左脚在前，右脚在后，两脚直立，身体重心作用于左脚，右脚起辅助支撑作用，以保证身体平衡。

照片4.10

4.2.2 鏨子的握法

鏨子的握法有正握法和反握法两种，如照片4.11所示。

正握法

正握法：手心向下，腕部伸直，用中指、无名指握住鏨子，小指自然合拢，食指和大拇指自然伸直，鏨子头部伸出约20mm。

照片4.11

反握法：手心向上，手指自然捏住
錾子，手掌悬空。

反握法

续照片4.11

4.2.3　手锤的握法

手锤的握法有紧握法和松握法，如照片4.12所示。

用右手五指紧握锤柄，大拇指合在
食指上，虎口对准锤头方向（木
柄椭圆的长轴方向），木柄尾端露
出15~30mm。在挥锤和锤击过程
中，五指始终紧握锤柄。

紧握法

只用大拇指和食指始终握紧锤柄。
在挥锤时，小指、无名指、中指则
依次放松；在锤击时，又以相反的
次序收拢握紧，这种握法的优点是
手不易疲劳，而且锤击力大。

松握法

照片4.12

4.2.4　挥锤的方法

挥锤的方法主要有腕挥、肘挥和臂挥三种，如照片4.13所示。

腕挥是仅用手腕的动作进行锤击运动，采用紧握法握锤，常用于余量较少以及錾削开始或结尾的时候。
腕挥时，挥锤速度为50次/min左右。

腕挥法

肘挥是用手腕与肘部一起挥动作锤击运动，采用松握法握锤，因挥动幅度较大，故锤击力也较大，这种方法应用最多。
肘挥时，挥锤速度为40次/min左右。

肘挥法

臂挥是手腕、肘和手臂一起挥动，其锤击力最大，用于需要大力錾削的工件。

臂挥法

照片4.13

4.3 錾削方法

4.3.1 切割薄板

1. 利用台虎钳钳口切割薄板

利用台虎钳钳口夹紧薄板进行切割的方法如照片4.14所示。

板料的装夹必须夹紧，为了防止在切断时，板料在錾切力的作用下发生倾斜。

夹紧板料

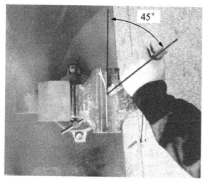

45°

錾切时，将板料按划线夹成与钳口平齐，用阔錾沿着钳口并斜对着板料（约呈45°角）自右向左錾切。

錾切方向

照片4.14

2. 利用砧座或平板切割薄板

将薄板平放在台虎钳砧座或平板上，利用扁錾对薄板进行切割，如照片4.15所示。

倾斜放置

垂直放置

薄板切割时，应由前向后进行錾削，开始时，錾子放置应略有倾斜，然后逐步放垂直，以使扁錾的圆弧切削刃能全宽参与薄板切割。切割时，应做到前后錾削痕迹连接齐整。

照片4.15

4.3.2　錾削平面

以图4.2所示零件为例，讲述錾削方法。

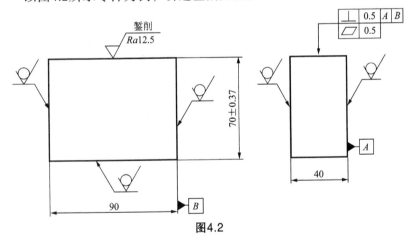

图4.2

制定平面錾削步骤如图4.3所示。

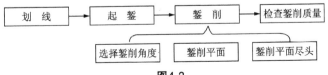

图4.3

1. 划 线

利用划线工具划出零件的錾削加工尺寸线，如照片4.16所示。

用划线尺在划线平台上划出零件 70mm（錾削尺寸）的加工线。

照片4.16

2. 起 錾

零件錾削时，应先按所划尺寸线，在零件的斜角处进行起錾，如照片4.17所示。

在边缘尖角处錾出一个斜面

零件錾削时，应先采用斜角起錾的方法在零件边缘尖角处錾出一个斜面，否则錾子在零件表面容易产生打滑现象，影响錾削的正常进行。

照片4.17

3. 錾 削

1) 选择錾削角度

由于錾子的楔角 β_0 已经过刃磨形成，在錾削操作时，选择錾削角度其实就是选择錾削时的后角 α_0，如图4.4所示。

錾削时，后角选择不可过大，也不可过小，一般取5°~8°，如图4.5所示。

錾削时，錾子的前刀面与基面之间所产生的夹角称为前角 γ_0。其作用是减少錾削时的切屑变形，使切削省力。前角愈大，切削愈省力。

錾削时形成的三个角度之间存在 $\alpha_0+\beta_0+\gamma_0=90°$ 的关系，当后角 α_0 一定时，前角 γ_0 的数值由楔角 β_0 的大小决定。

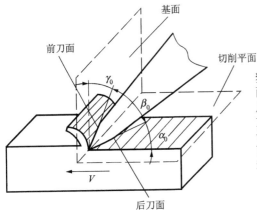

凿削时，凿子的后刀面与切削平面之间所产生的夹角称为后角α_0，后角的大小取决于凿子被掌握的方向，其作用是为了减少凿子在切削加工过程中后刀面与切削表面之间的摩擦，引导凿子能够顺利凿切。

图4.4

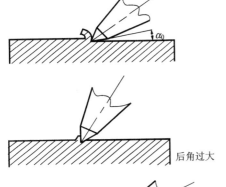

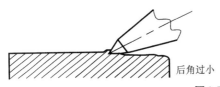

后角太大会使凿子切入工件表面过深，凿切困难；后角太小造成凿子容易滑出工件表面，不能切入。

图4.5

2）凿削平面

凿削平面时，要注意随时观察凿削表面的平整情况，如照片4.18所示。

3）凿削平面尽头

在一般情况下，当凿削接近尽头部位10～15mm时必须调头凿去余下的部分，如图4.6所示。

每錾削两三次后，将錾子退后一些，作一次短暂的停顿，然后再将刃口顶住錾削处继续錾削。这样，既可以随时观察錾削表面的平整情况，同时也可以使手臂肌肉有节奏地得到放松。

照片4.18

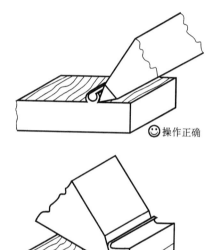

当錾削接近尽头部位时，必须调头錾去余下的部分，否则，尽头部位部分材料会产生迸裂现象，从而影响工件质量。尤其是在錾削脆性材料时应特别注意。

图4.6

4. 检查錾削质量

錾削结束后，应选择合适的量具检查錾削质量，如照片4.19所示。

錾削结束后，选择刀口直尺检查錾削面的平面度误差；选择刀口角尺检查錾削面与相关基准面之间的垂直度误差。

照片4.19

4.3.3 錾削沟槽

以图4.7所示零件为例，讲述沟槽錾削方法。

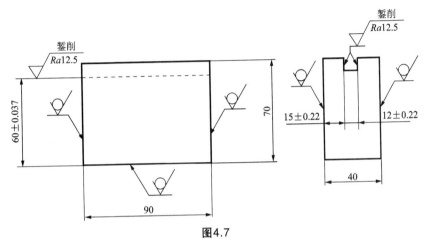

图4.7

制定錾削沟槽步骤为：划线→修磨尖錾→起錾→錾削沟槽。

1. 划　线

使用划线工具划出沟槽加工线，如照片4.20所示。

2. 修磨尖錾

根据沟槽宽度尺寸，修磨錾子的切削刃宽度，如照片4.21所示。

3. 起　錾

由于錾削沟槽的宽度都比较窄，因此錾削沟槽时，起錾采用正面起錾的方法，如照片4.22所示。

使用划线工具划出沟槽加工线，为了使划出的线条清晰，可以在零件加工面上涂抹显示剂。

照片4.20

尖錾切削刃的宽度尺寸决定着沟槽的宽度尺寸，所以，錾削前必须根据零件图纸要求，准确刃磨錾子。

照片4.21

正面起錾主要用于狭窄平面或沟槽的錾削，起錾时，将錾子切削刃的全宽与零件表面相接触，在零件狭长面上錾出一个斜面。

照片4.22

4. 錾削沟槽

錾削沟槽时，由于切削量较少，可采用腕挥法挥锤。一般，沟槽錾削时的切削量控制在1mm左右，通过逐层錾削，达到图纸规定的沟槽深度要求，如照片4.23所示。

錾削时，应以沟槽的加工线为参照依据，控制錾子的錾削方向，以保证沟槽的直线度。挥锤时，还应控制锤击力大小均匀，以保证沟槽底平面的平整度。

照片4.23

4.3.4　錾削油槽

以图4.8所示零件为例，讲述油槽錾削方法。

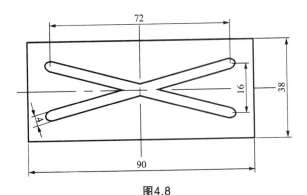

图4.8

制定錾削油槽步骤为：划线→修磨油槽錾→起錾→錾削油槽→修整油槽。

1. 划 线

根据油槽的位置尺寸划线，划出油槽的加工线，如照片4.24所示。

2. 修磨油槽錾

根据油槽的宽度修磨油槽錾，如照片4.25所示。

3. 起 錾

起錾时，将油槽錾垂直放置于零件表面，随着锤击的进行，慢慢将油槽錾向后刀面方向倾斜，在零件表面上加工出圆弧过渡面，如照片4.26所示。

4. 錾削油槽

油槽錾削到尽头时，油槽錾的刃口必须慢慢翘起，保证槽底圆滑过渡，同时，油槽必须一次錾削成形，如照片4.27所示。

利用划线工具划出油槽的加工线。

照片4.24

第4章 錾 削

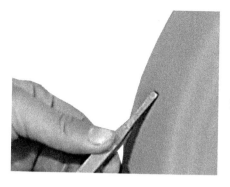

根据油槽的宽度修磨油槽錾，油槽錾的侧面与加工的槽的侧面之间能形成1°～3°的角度，形成一个空隙，以避免錾子在錾槽时被卡住，同时保证槽的侧面的加工平整度。

照片4.25

起錾时，锤击力要轻，锤击时，由于油槽錾的头部位置在不断发生变化，要求操作者必须准确把握锤击落点，以免手锤敲击操作者手部，造成手部受伤。

照片4.26

油槽錾的刃口在錾削到尽头时必须慢慢翘起，以保证槽底圆滑过渡。

照片4.27

5. 修整油槽

油槽錾削完成后，要用锉刀修整油槽的形状，如照片4.28所示。

油槽錾削完成后，要用锉刀修去油槽上的毛刺，使油槽光洁、平整，方便油液在油槽中流通。

照片4.28

4.3.5　錾削时的安全注意事项

（1）零件在台虎钳中必须夹紧，伸出高度一般以离钳口10～15mm为宜，如照片4.29所示。

（2）为了保证零件錾削时的稳定性，有时还需要在零件下方加上木衬垫，如照片4.30所示。

照片4.29

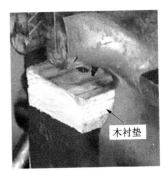

木衬垫

照片4.30

（3）錾子使用一段时间后，要及时将錾子头部的毛刺磨去，以防止锤击时，毛刺断裂，刺伤操作者的手部，如照片4.31所示。

（4）錾削平面时常见的质量问题及其产生原因见表4.2。

（5）錾削沟槽时的几种常见质量问题及产生原因见表4.3。

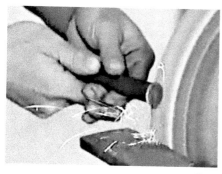

凿子头部有明显的毛刺时，应及时磨去。

照片4.31

表4.2　錾削平面时常见的质量问题及产生原因

形　式	产生的原因
表面粗糙	① 錾子刃口爆裂或刃口卷刃不锋利 ② 锤击力量不均匀 ③ 錾子头部已锤平，使受力方向经常改变
表面凹凸不平	① 錾削中，后角在一段过程中过大，造成錾面凹下 ② 錾削中，后角在一段过程中过小，造成錾面凸起
表面有梗痕	① 左手未将錾子放正，而使錾子刃口倾斜，錾削时刃角梗入 ② 錾子刃磨时刃口磨成中凹
崩裂或塌角	① 錾到尽头时未调头錾，使棱角崩裂 ② 起錾太多造成塌角
尺寸超差	① 起錾时尺寸不准 ② 测量检查不及时

表4.3　錾削槽时的几种常见质量问题

形　式	产生的原因
槽口爆裂	第一遍錾削量过大
槽不直	① 錾子未放正 ② 没有按所划线条进行錾削 ③ 调头錾削时未錾在同一直线上
槽底部高低不平	錾子刃口磨成倾斜或錾子斜放錾削
槽底部倾斜	① 錾子的刃口两端已钝或碎裂仍在使用 ② 在同一条直槽上錾削，狭錾刃磨多次而使刃口宽度缩小
槽口呈喇叭口	每次起錾位置向一侧偏移
槽向一侧倾斜	① 第一遍錾削时方向未把稳 ② 没有按照所划线条进行錾削

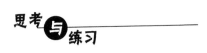

1．錾子由＿＿＿＿、＿＿＿＿以及＿＿＿＿三部分组成。

2．錾削硬钢或铸铁时，楔角取＿＿＿；錾削一般钢料和中等硬度材料时，楔角取＿＿＿＿；錾削铜、铝等软材料时，楔角取＿＿＿＿＿。

3．錾身多数呈（　　　　），以防止錾削时錾子转动。

  A．八棱形   B．方形

  C．圆形   D．椭圆形

4．錾削时，操作者的身体与台虎钳中心线大致呈（　　　　）角。

  A．60°   B．90°

  C．45°

5．錾子的种类有哪些？各应用在什么场合中？

6．简述平面錾削方法。

7．简述沟槽錾削方法。

8．简述油槽錾削方法。

第5章

锯　削

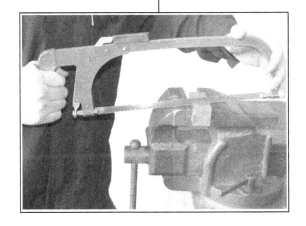

用锯削工具对金属材料进行切断或切槽等的加工方法，称为锯削，如照片5.1所示。

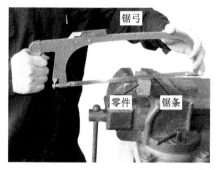

锯弓

零件　锯条

钳工应用锯削可以对各种原材料或半成品进行锯断加工、锯除零件上多余部分材料、在零件上锯槽等。

照片5.1

5.1　锯削工具

锯削工具由锯弓和锯条组成。

5.1.1　锯　弓

钳工常用的锯弓有可调式锯弓和固定式锯弓两种，如图5.1所示。

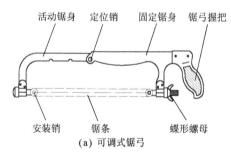

活动锯身　定位销　固定锯身　锯弓握把

安装销　锯条　蝶形螺母

(a) 可调式锯弓

可调节式锯弓的锯身有活动锯身和固定锯身。通过活动锯身的前后位置移动可以实现锯身长度的调节，以适应安装不同长度规格的锯条。

(b) 固定式锯弓

固定式锯弓的结构大致与可调节式锯弓相同，只是固定式锯弓的锯身是不可调节的，其安装的锯条规格只能是唯一的。

图5.1

5.1.2 锯 条

钳工锯削时使用的锯条通常称为手用锯条，常采用渗碳软钢冷轧而成，经热处理淬硬，如照片5.2所示。

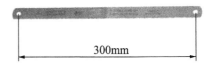

300mm

钳工使用的锯条，其尺寸规格以两端安装孔中心距的距离来表示，常用规格为300mm。

照片5.2

锯条通常为单面有齿，锯齿相当于一排同样形状的錾子，每个齿都有切削作用，锯齿的切削角度如图5.2所示。

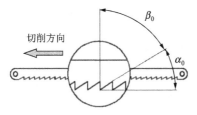

β_0

切削方向

α_0

锯齿的切削角度为：前角$\gamma_0 = 0°$，后角$\alpha_0 = 40°$，楔角$\beta_0 = 50°$，$\gamma_0 + \alpha_0 + \beta_0 = 90°$。

图5.2

锯条在制造时，将全部锯齿按一定规律左右错开，并排成一定的形状，称为锯路。锯路的形式常有波浪形和交叉形，如图5.3所示。

锯路的作用是使工件上的锯缝宽度大于锯条背部的厚度，从而防止出现"夹锯"和锯条过热，并减少锯条磨损。

波浪形   交叉形

图5.3

根据锯条每25mm长度内的锯齿数不同，将钳工常用的锯条分为粗齿锯条、中齿锯条和细齿锯条三种，如图5.4所示。

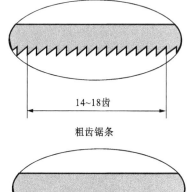

14~18齿

粗齿锯条

粗齿锯条锯齿之间的容屑空间较大，在锯削软材料或较大切面时，可以容纳较多的切屑，不会发生切屑堵塞锯缝而影响锯削效率，常用来锯削软钢、黄铜、铝、铸铁、紫铜、人造胶质材料。

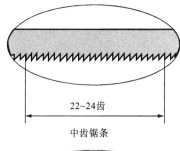

22~24齿

中齿锯条

中齿锯条常用来锯削中等硬度钢、厚壁的钢管、铜管。

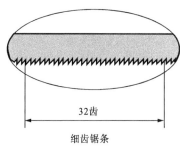

32齿

细齿锯条

细齿锯条切削时，同时参与切削的齿数较多，每齿担负的锯削量较小，锯削阻力小，材料易于切除，推锯省力，锯齿也不易磨损，常用来锯削硬材料或较小的切面，特别是薄壁管子和薄板。

图5.4

5.2 锯削姿势

5.2.1 锯削时的站位姿势

锯削时的站位姿势如照片5.3所示。

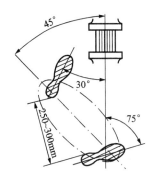

站立时，以台虎钳中心线为基准，操作者的身体平面与台虎钳中心线呈45°角度，并略向前倾10°左右，左脚在前，右脚在后，左脚脚面中心线与台虎钳中心线呈30°，右脚脚面中心线与台虎钳中心线呈75°，左脚膝盖略有弯曲，身体重心作用于左脚，右脚膝盖绷直，起辅助支撑作用。

照片5.3

5.2.2 锯条的安装方法

安装锯条时，分别将锯弓前后两端的安装销装入锯条两端的安装孔内，并拧紧蝶形螺母，如照片5.4所示。

安装锯条

将锯条两端的安装孔对准锯弓前后两端的安装销，使安装销能准确装入锯条安装孔。

拧紧蝶形螺母

拧紧蝶形螺母时，蝶形螺母不宜旋得太紧或太松：太紧时锯条受力太大，在锯削中用力稍有不当，就会折断；太松则会在锯削时锯条容易扭曲，也易折断，而且锯削时锯缝容易歪斜。

照片5.4

锯条安装后需检查锯条的松紧程度，其松紧程度可以用手扳动锯条，感觉硬实即可。

锯条安装后，要保证锯条平面与锯弓中心平面平行，不得倾斜和扭曲，否则，锯削时锯缝极易出现歪斜现象。

调节锯条松紧

续照片5.4

锯条安装时需要特别注意锯齿的朝向，如图5.5所示。

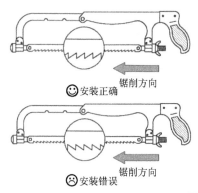

锯削方向

☺安装正确

锯条在向前推时才起切削作用，因此锯条安装应使锯齿的前角顺着锯削方向朝前，如果装反了，则锯齿前角变为负值，将丧失正常的锯削能力。

锯削方向

☹安装错误

图5.5

5.2.3 锯弓的握法

锯弓的握法如照片5.5所示。

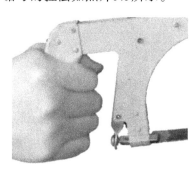

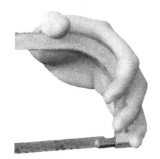

右手握锯弓的方法　　　左手握锯弓的方法

照片5.5

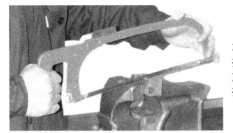

右手满握锯弓握把，控制锯削时的推力和拉力。

左手轻抚在锯弓的前端，配合右手扶正锯弓。

续照片5.5

5.2.4　锯削运动

锯削运动一般采用小幅度的上下摆动，如图5.6所示。

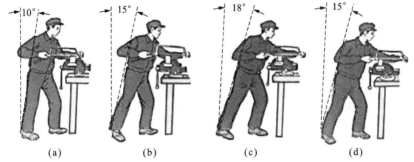

(a)　　　　　(b)　　　　　(c)　　　　　(d)

锯削时，身体应略向前倾，随着锯弓向前推进，身体前倾幅度略有增大，并随着身体前倾的惯性，左手略向上抬，右手略向下压，回程时，身体慢慢向后收回，在惯性带动下，右手略向上抬，左手自然跟回，整个过程循环反复，使锯弓形成小幅度的上下摆动。

图5.6

5.3　锯削方法

5.3.1　锯削平面

1．夹持零件

零件一般夹持在台虎钳的侧面，以免锯削时，台虎钳对操作者产生干涉，影响锯削操作，如图5.7所示。

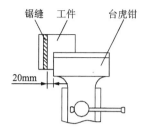

零件伸出钳口的距离不应过长，一般情况下，锯缝距离钳口侧面20mm左右，防止零件在锯削时产生振动；锯削加工线要与钳口侧面保持平行，便于控制锯缝不偏离划线方向。

图5.7

2. 起 锯

起锯是锯削工作的开始，起锯质量的好坏，将直接影响锯削质量。如果起锯不当，一是容易出现锯条跳出锯缝将工件拉毛或者引起锯齿崩裂；二是起锯后的锯缝与划线位置不一致，导致锯削尺寸出现较大偏差。

起锯方式有远起锯和近起锯两种，如照片5.6所示。

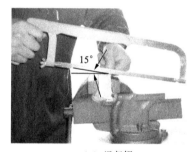

(a) 远起锯   (b) 近起锯

起锯时，将左手拇指靠住锯条，使锯条能正确地锯在所需要的位置上。起锯要做到：行程短、压力小、速度慢，起锯角一般控制在15°左右。
起锯角过大，起锯过程不平稳，尤其是近起锯时锯齿会被零件棱边卡住引起锯齿崩断。
锯角过小，锯齿与零件同时接触的齿数较多，锯条不易切入零件材料，多次起锯往往容易发生偏离，使工件表面锯出许多锯痕，影响表面质量。

照片5.6

5.3.2 锯削深缝

在板料锯断时，通常把锯削深度超过锯弓锯削范围的锯缝称为深缝，如照片5.7所示。

 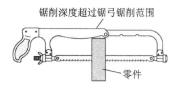

锯削深度超过锯弓锯削范围

零件

照片5.7

深缝锯削方法如照片5.8所示。

当锯缝的深度超过锯弓的锯削范围时，可将锯条翻转过90° 进行装夹，以便于锯削操作能顺利进行。

(a) 锯弓翻转90° 进行锯削

锯削深缝时，也可以将锯条翻转180° 进行装夹，使锯弓转到零件的下方进行锯削。

(b) 锯弓翻转180° 进行锯削

照片5.8

5.3.3　锯削薄板

　　薄板锯削时，最容易出现的现象是锯齿崩断，如图5.8所示。

　　为保证锯削的顺利进行，除选用细齿锯条进行锯削外，还可以采用斜锯和垫木板的方法进行锯削，如照片5.9和图5.9所示。

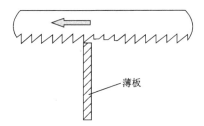

锯削薄板时，薄板容易嵌在两锯齿之间，造成锯齿被钩住而崩断。

图5.8

斜 锯

照片5.9

斜锯：将薄板料直接夹在台虎钳上，用锯弓作斜向推锯，使锯齿与薄板接触的齿数较多，以避免锯齿崩裂。

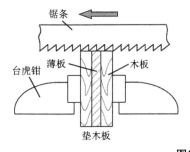

锯条

台虎钳 薄板 木板

垫木板

使用两块木板夹持薄板零件，锯削时，连木块一起锯下，避免锯齿钩住，同时也增加了板料的刚度，使锯削时不发生颤动。

图5.9

5.3.4 锯削管子

管子零件的夹紧方法如图5.10所示。

锯削管子时，应不断将管子旋转进行转位锯削，以防止锯齿被管壁钩住而产生崩断的现象，如图5.11所示。

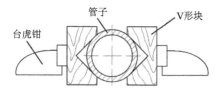

锯削管子时，可将管子夹持在两V形块之间，以防止锯削时，管子受锯削力的影响，产生夹持不稳定的现象。

图5.10

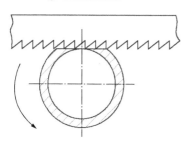

锯削管子时，在一个方向上先锯到管子内壁处，然后把管子向推锯的方向转过一定角度，并连接原锯缝再锯到管子的内壁处，如此逐渐改变方向不断转锯，直到锯断为止。

图5.11

5.3.5　锯削时的安全文明生产

（1）锯削速度切勿太快，以免使工件加工误差增大，同时加速锯条的磨损。

（2）锯削过程中尽可能使全齿参与切削，否则锯条将产生局部磨损过大，既影响锯削操作的顺利进行，又会缩短锯条的使用寿命。

（3）锯削时，可适当加入机油进行润滑，如照片5.10所示。

锯削时，在锯缝中加入适量机油，可以减少锯条与零件之间的摩擦力，同时也可以起到一定的冷却作用，延长锯条的使用寿命。

照片5.10

（4）当锯条局部崩齿后，应及时在砂轮机上进行修整，以延长锯条的使用寿命，如照片5.11所示。

当锯条局部崩齿后，可在砂轮机上对崩齿部分进行修磨，使崩齿处形成圆弧过渡，从而延长锯条的使用寿命。

照片5.11

（5）锯削中途停歇时，不可将锯弓留在零件上，以免碰撞锯弓，造成锯条折断，如照片5.12所示。

☹操作错误

锯削中途停歇时，不可将锯弓留在零件上，以免碰撞锯弓，造成锯条折断。

照片5.12

（6）零件将要锯断时，需用左手扶住零件将要断裂的部分，避免掉下砸伤脚，如照片5.13所示。

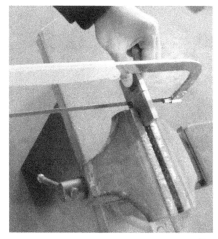

零件将要锯断时，需要用左手扶住零件将要断裂的部分，避免部分零件掉下砸伤脚。

照片5.13

思考与练习

1．锯削操作可以对各种原材料或半成品进行＿＿＿＿＿＿＿、或在零件上＿＿＿＿＿＿。

2．锯齿的粗细是以锯条每＿＿＿＿＿长度内的锯齿数来表示的，一般分为＿＿＿＿、＿＿＿＿、＿＿＿＿三种。

3．锯路的形状有＿＿＿＿＿和＿＿＿＿＿等两种。

4．起锯是锯削工作的开始，起锯质量的好坏，直接影响锯削质量，根据起锯方式的不同分为＿＿＿＿和＿＿＿＿两种。

5．锯齿的切削角度为（　　）。

　　A．$\gamma_0 = 0°$　$\alpha_0 = 40°$　$\beta_0 = 50°$　B．$\gamma_0 = 50°$　$\alpha_0 = 40°$　$\beta_0 = 0°$

　　C．$\gamma_0 = 0°$　$\alpha_0 = 50°$　$\beta_0 = 40°$　D．$\gamma_0 = 50°$　$\alpha_0 = 0°$　$\beta_0 = 40°$

6．锯削薄板时，必须选用（　　）锯条。

　　A．细齿　　　　　　　　　　B．中齿

　　C．粗齿　　　　　　　　　　D．都可以

7．如若锯削时将锯条装反，对锯削会产生什么样的影响？

8．锯削时的起锯角应如何选择？其大小对锯削有什么影响？

9．锯条锯齿的粗细规格如何选用？

第6章

锉 削

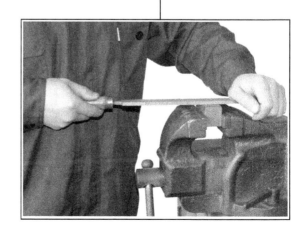

利用锉刀对工件表面进行切削加工的方法称为锉削,如照片6.1所示。

锉削一般是在錾削、锯削之后对工件进行的精度较高的加工,其加工精度可达 0.01mm,表面粗糙度可达 $Ra0.8\mu m$。

照片6.1

锉削的应用范围较广,钳工应用锉削操作,可以加工零件上各种成形面、沟槽,还可以用来完成零件之间的修配工作,以及制作角度样板等,如图6.1所示。

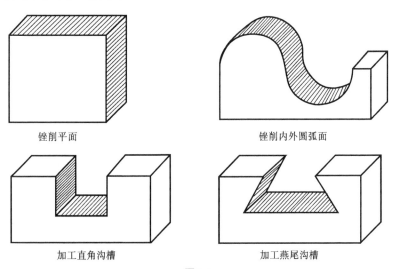

锉削平面

锉削内外圆弧面

加工直角沟槽

加工燕尾沟槽

图6.1

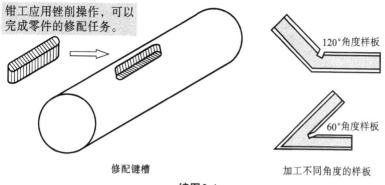

钳工应用锉削操作，可以完成零件的修配任务。

120°角度样板

60°角度样板

修配键槽

加工不同角度的样板

续图6.1

锉刀由锉身和舌部两部分组成，如照片6.2所示。

锉刀用高碳工具钢T13或T12制成，经热处理后切削部分硬度达HRC62~72。

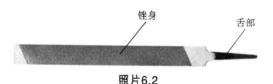

锉身

舌部

照片6.2

锉身是锉刀的工作部分。锉身上加工有锉齿，按锉齿排列纹路不同，锉刀的锉齿纹路分为单齿纹和双齿纹，如照片6.3所示。

单齿纹

单齿纹锉刀上只有一个方向的齿纹，锉齿之间留有较大的空隙，使得锉齿的强度下降，切削时全齿宽同时参与，需要较大的切削力，因此，单齿锉纹的锉刀适用于锉削软材料，如铝、铜等有色金属。

照片6.3

双齿纹

双齿纹锉刀上有两个方向排列的齿纹，锉削时，每个齿的锉痕交错而不重叠，锉面比较光滑，锉削产生的切屑为碎段状，切削比较省力，锉齿之间留有的空隙较小，有利于提高锉齿强度，因此，双齿锉纹的锉刀适用于锉削硬材料，如钢等。

续照片6.3

锉刀的舌部是用来安装锉刀柄的，如照片6.4所示。

铁箍　　　木制锉刀柄

锉刀柄多以木质为主，在安装孔的外部套有铁箍，以防止锉刀安装时，锉刀柄开裂。

照片6.4

6.1.1　锉刀的分类

按锉刀的用途不同，钳工常用的锉刀有普通钳工锉、整形锉等。

1. 普通钳工锉

普通钳工锉按其断面形状不同，分为平锉（板锉）、三角锉、圆锉、半圆锉和方锉五种，如照片6.5所示。

平锉的截面形状为矩形，可以用来锉削零件的平面或外圆弧面。

（a）平　锉

照片6.5

三角锉截面形状为等边三角形，可以用来锉削60°燕尾槽。

(b) 三角锉

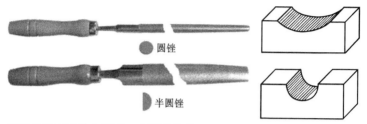

圆锉

半圆锉

圆锉的截面形状为圆形；半圆锉的截面形状为半圆形。
圆锉和半圆锉可用来锉削内圆弧面。

(c) 圆锉和半圆锉

方锉的截面形状为正方形，可以用来锉削直角沟槽。

(d) 方 锉

续照片6.5

2. 整形锉

整形锉又叫做什锦锉或组锉，因分组配备各种截面形状的小锉而得名，如照片6.6所示。

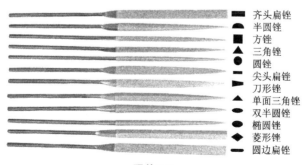

齐头扁锉
半圆锉
方锉
三角锉
圆锉
尖头扁锉
刀形锉
单面三角锉
双半圆锉
椭圆锉
菱形锉
圆边扁锉

照片6.6

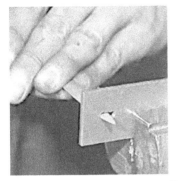

整形锉主要用于修整工件上的细小部分。通常以5把、6把、8把、10把或12把为一组。

续照片6.6

6.1.2　锉刀的规格

以普通钳工锉为例,锉刀的规格主要有锉刀的尺寸规格和锉齿的粗细规格。

1．锉刀的尺寸规格

不同截面形状的锉刀,其尺寸规格有所不同,如照片6.7所示。

2．锉刀的粗细规格

钳工常用的锉刀按粗细规格不同,分为粗齿锉刀、中齿锉刀、细齿锉刀和油光锉等,锉齿的粗细规格,以锉刀每10 mm轴向长度内的主锉纹(起主要锉削作用的齿纹)条数来表示,如表6.1所示。

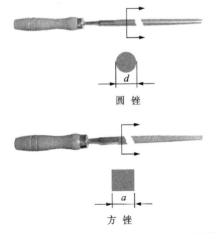

圆锉的尺寸规格以其截面直径"d"表示,常用的尺寸规格有6mm、8mm、10mm、12mm等。

方锉的尺寸规格以其截面边长"a"表示,常用的尺寸规格有6mm、8mm、10mm、12mm等。

照片6.7

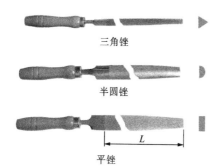

三角锉

半圆锉

平锉

三角锉、半圆锉、平锉的尺寸规格以其锉身有效长度"L"表示，常用的尺寸规格有100mm、125mm、150mm、200mm、250mm、300mm、350mm等。

续照片6.7

表6.1　锉刀齿纹的粗细规格

规格(mm)	每10mm轴向长度内的主锉纹条数			
	粗齿锉刀	中齿锉刀	细齿锉刀	油光锉刀
100	14	20	28	40
125	12	18	25	36
150	11	16	22	32
200	10	14	20	28
250	9	12	18	25
300	8	11	16	22
350	7	10	14	20

3. 锉刀的选择

每种锉刀都有一定的用途，如果选择不当，就不能充分发挥它的效能，甚至会过早地丧失切削能力。因此，锉削之前必须正确地选择锉刀。

（1）根据被锉削零件表面形状和大小选用锉刀的断面形状和尺寸规格。锉刀形状应适应工件加工表面形状。

（2）锉刀的粗细规格选择，决定于工件材料的性质、加工余量的大小、加工精度和表面粗糙度要求的高低。例如，粗锉刀由于齿距较大不易堵塞，一般用于锉削铜、铝等软金属及加工余量大、精度低和表面粗糙的零件；而细锉刀则用于锉削钢、铸铁以及加工余量小、精度要求高和表面粗糙度低的工件。

各种粗细规格的锉刀适宜的加工余量和所能达到的加工精度以及表面粗糙度，如表6.2所示，供选择锉刀粗细规格时参考。

表6.2　锉刀齿纹的粗细规格选用

锉刀粗细	适用场合		
	锉削余量（mm）	尺寸精度（mm）	表面粗糙度(μm)
粗齿锉刀	0.5~1	0.2~0.5	$Ra100~25$
中齿锉刀	0.2~0.5	0.0~0.2	$Ra25~6.3$
细齿锉刀	0.1~0.3	0.02~0.05	$Ra12.5~3.2$
油光锉	0.1以下	0.01	$Ra1.6~0.8$

6.2 锉刀柄的安装和拆卸

锉刀柄的安装方法如照片6.8所示。

当锉刀柄开裂、锉刀柄安装质量不高等需要拆卸锉刀柄时，可采用如照片6.9所示方法拆卸锉刀柄。

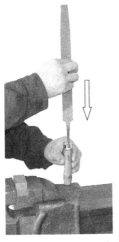

锉刀柄安装时，敲击力不可过大，以免锉刀柄产生开裂，锉削时刺伤操作者的手部，同时，安装锉刀柄时还需要检查锉刀柄与锉刀刀身之间的直线度，锉刀柄安装歪斜将影响锉削的平稳性。

照片6.8

锉刀柄拆卸时，将锉刀铁箍处撞击台虎钳平台的侧面，靠惯性力拆卸。但两手必须捏紧两端，防止锉刀从木柄里飞出伤人。

照片6.9

6.3 锉削姿势

6.3.1 锉削时的站位姿势

锉削时的站位姿势与锯削时的站位姿势相似（可参照5.2.1节锯削时的站位姿势）。

6.3.2 握锉姿势

1. 右手的握锉姿势

右手握锉刀的正确姿势如照片6.10所示。

将锉刀柄尾端抵在右手大拇指根部的掌心处。

照片6.10

大拇指按放在锉刀柄上部，其余手指由下而上顺势握住锉刀柄，握锉时应注意不可将锉刀柄握死，用力点应落于掌心。

续照片6.10

2．左手的握锉姿势

左手握锉刀的姿势有掌面压齿法和指面压齿法。

（1）掌面压齿法。掌面压齿法如照片6.11所示。

（2）指面压齿法。指面压齿法如照片6.12所示。

左手掌面压住锉刀头部，手指反扣住锉身头部。锉削时，左手作用于锉刀上的力较大，产生的切削力较大，所以加工效率较高，但加工精度比较低，一般用于粗加工场合。

照片6.11

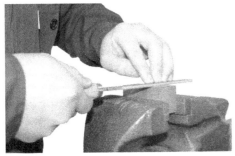

左手食指、中指和无名指压住锉刀中部，锉削时，左手作用于锉刀上的力较小，产生的切削力较小，所以加工效率较低，但加工精度比较高，尤其能较好地控制锉面的平面度和表面粗糙度，常用于精加工的场合。

照片6.12

6.4 锉削方法

6.4.1 锉削平面

平面锉削方法主要有顺向锉削和交叉锉削两种方法。

1. 顺向锉削

顺向锉削是指顺着零件轮廓方向进行锉削，主要分为纵向锉削和横向锉削，如图6.2所示。

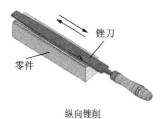

纵向锉削

纵向锉削时锉刀运动方向与工件的长度方向相平行。

纵向锉削时锉刀与工件表面接触面积较大，产生的切削力较小，所以每一次去除的加工余量较小，但能获得较高的表面粗糙度精度，一般用于零件的精加工场合。

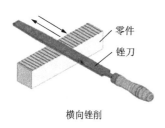

横向锉削

横向锉削时锉刀运动方向与工件的长度方向相垂直。

横向锉削时，由于每一次锉削时锉刀与工件表面的接触面积比较小，因而产生的切削力较大，能快速去除工件表面上多余的加工余量，但加工后工件表面粗糙度精度较低，所以这种锉削方法一般应用于粗加工场合。

图6.2

2. 交叉锉削

交叉锉削常用来锉削方钢或圆钢零件的端面，如图6.3所示。

3. 锉削时的动作要领

（1）锉削动作应协调自如，如照片6.13和照片6.14所示。

（2）锉削时需控制两手用力平衡，如照片6.15所示。

（3）锉削速度一般应在40次/min左右，推出时稍慢，回程时稍快，动作要自然协调。

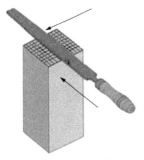

锉削方钢端面　　　　　　　　　锉削圆钢端面

方钢或圆钢端面锉削时，常采用交叉锉削的方法，通过不断改变锉削方向以提高零件端面的平面度精度，但锉面纹路比较凌乱，所获得的表面粗糙度精度较低，一般应用于粗加工。

图6.3

锉削时，左臂弯曲，小臂应与零件锉削面左右方向基本保持平行；右小臂要与零件锉削面前后方向基本保持平行，且小臂紧贴与身体侧面，小臂、手腕、锉刀基本成一直线。

照片6.13

(a)　　　　　　(b)　　　　　　(c)　　　　　　(d)

（a）　锉削时，身体先于锉刀并与之一起向前，右脚伸直并稍向前倾，重心在左脚，左膝部呈弯曲状态。

（b）　当锉刀锉至约3/4行程时，身体停止前进，但两臂则继续将锉刀向前锉削。

（c）　锉刀推锉至全行程时，左脚自然伸直并随着锉削时的反作用力，将身体重心后移，并顺势收回锉刀。

（d）　锉刀收回至起始位置时，身体又开始先于锉刀前倾，做第二次锉削的向前运动。

照片6.14

锉削过程中，右手的压力要随锉刀推动而逐渐增加，左手的压力要随锉刀推动而逐渐减小。

锉削过程中

锉削至1/2行程时，右手的压力与左手的压力基本相等。

锉削至1/2行程时

锉削回程时，锉刀为空回程，应避免与零件表面相接触，但为了控制下一锉削过程的平衡，此时右手的压力要随锉刀回程而逐渐减小，左手的压力要随锉刀回程而逐渐增大。

照片6.15

6.4.2　锉削曲面

1．锉削外曲面
锉削外曲面的方法如图6.4所示。
2．锉削内曲面
锉削内曲面的方法如图6.5所示。

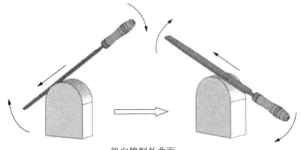

纵向锉削外曲面

锉削时锉刀向前，右手下压，左手随着上提。这种方法能使曲面光洁圆滑，但锉削位置不易掌握且效率不高，常用于曲面的精加工场合。

横向锉削外圆弧曲面

锉削时锉刀作直线运动，并不断随工件作圆弧摆动。这种方法锉削效率较高且便于按轮廓线均匀地加工出曲面，但只能锉成近似曲面的多棱面，加工精度较低，常用于粗加工场合。

图6.4

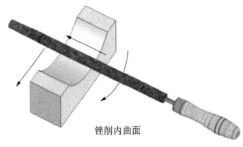

锉削内曲面

锉削内面选用圆锉、半圆锉等锉刀。锉削时锉刀要同时完成三个运动：前进运动、随曲面向左或向右移动、绕锉刀中心线转动，这样才能保证曲面光滑、准确。

图6.5

3．推锉曲面
推锉曲面的方法如图6.6所示。

4．锉削球面
锉削球面的方法如图6.7所示。

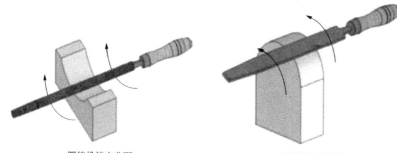

圆锉推锉内曲面   平锉推锉外曲面

由于推锉时易于掌握锉刀的平衡，且切削量小，便于获得较平整的加工表面和较小的表面粗糙度值，因此，常在曲面加工中采用，曲面推锉时只能按纵向方向加工。

图6.6

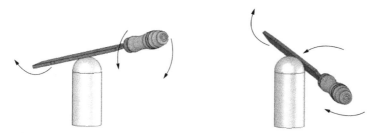

锉削球面时，为了能获得所需的加工要求，锉刀需要作纵向和横向相结合的锉削运动。

图6.7

6.5 锉刀的保养

锉刀的保养方法如下：

（1）锉刀进行锉削时，自身受到零件的摩擦，也会产生磨损，为延长锉刀的使用寿命，使用锉刀常先使用一面，等用钝后再使用另一面。同时，粗锉时，应充分使用锉刀的有效全长，避免锉刀局部磨损。

（2）锉削过程中，要及时清理嵌入齿缝的锉屑，见照片6.16（a）。

（3）不能用锉刀锉削淬硬零件，处理铸造件表面硬皮的方法见照片6.16（b）。

（4）锉刀表面不可沾水、沾油，锉刀使用完毕后，必须用钢丝刷清理干净，以免生锈。

（5）存放锉刀时的注意事项如照片6.16（c）所示。

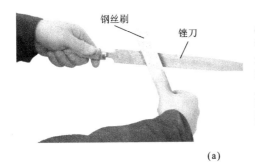

钢丝刷

锉刀

锉削时，若锉屑嵌入齿缝内，需及时用钢丝刷清除，以避免影响零件表面的锉削质量，同时也可延长锉刀的使用寿命。

用钢丝刷清除锉齿上的铁屑时，要顺着锉纹槽的方向刷除。

(a)

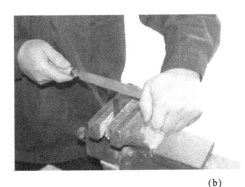

不能用锉刀锉削淬硬零件，铸件表面有硬皮（氧化层）时，应先使用旧锉刀或锉刀的有齿侧边将硬皮部分锉去，然后再进行正常锉削加工。

(b)

☹ 锉刀摆放错误

☺ 锉刀摆放正确

锉刀不可与其他工具或工件堆放在一起，也不可与其他锉刀互相重叠堆放，以免损坏锉齿，影响锉刀的使用寿命

(c)

照片6.16

思考与练习

1. 锉齿的粗细规格是以每10mm轴向长度内的_____来表示，通常分为_____、_____、_____和油光锉。

2. 按锉刀截面形状不同，普通钳工锉主要有_____、_____、_____、_____和三角锉。

3. 锉刀的齿纹有_____和_____两种。

4. 锉削余量为0.2～0.5mm，应选用_____的锉刀。
   A. 粗齿锉刀　　　　　　　　B. 中齿锉刀
   C. 细齿锉刀　　　　　　　　D. 油光锉

5. 圆锉刀的尺寸规格以直径（　　　）表示。
   A．长度　　　　　　　　　　B．直径
   C．锉齿的粗细

6. 平面锉削方法有哪几种？各应用于什么场合？

7. 简述平面锉削时的动作要领。

8. 锉削外曲面的方法有哪几种？简述其锉削要领。

9. 简述锉刀的保养方法。

第7章

孔加工

孔加工是利用孔加工刀具在零件上切削加工成型孔的操作方法。钳工常采用的孔加工方法主要有：钻孔、扩孔、锪孔、铰孔等，如图7.1所示。

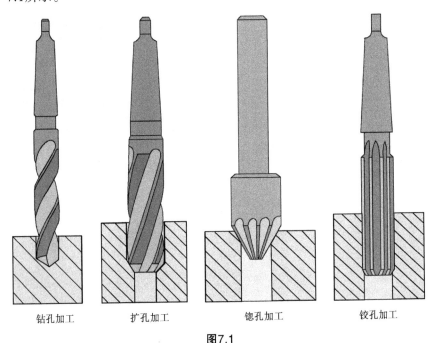

| 钻孔加工 | 扩孔加工 | 锪孔加工 | 铰孔加工 |

图7.1

7.1 钻 床

在实际生产过程中，钻床是钳工完成孔加工所使用的常用机床。利用钻床，钳工可以完成钻孔、扩孔、锪孔以及铰孔等加工。

7.1.1 钻床结构

钳工常用钻床主要有台式钻床、立式钻床、摇臂式钻床等，其结构如照片7.1所示。

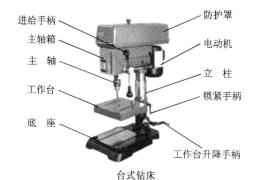

进给手柄
主轴箱
主　轴
工作台
底　座
防护罩
电动机
立　柱
锁紧手柄
工作台升降手柄

台式钻床

台式钻床是放置在台桌上使用的小型钻床，主要用于钻削中、小型零件上直径小于φ13mm的孔。台式钻床结构简单，主要用于单件、小批生产。

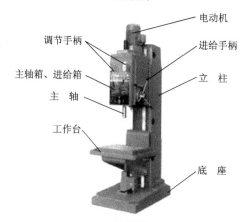

电动机
调节手柄
进给手柄
主轴箱、进给箱
主　轴
立　柱
工作台
底　座

立式钻床

立式钻床的最大钻孔直径一般可达φ25mm，适合加工单件、小批生产的中、小型零件。

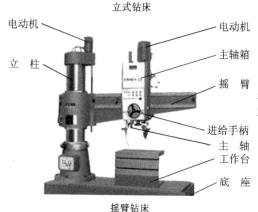

电动机
立　柱
电动机
主轴箱
摇　臂
进给手柄
主　轴
工作台
底　座

摇臂钻床

摇臂钻床适合加工大型零件或多孔零件。

照片7.1

7.1.2 钻床运动

1. 切削运动

钻床的切削运动有两个，即：主运动和进给运动。主运动是形成切屑所需的运动；进给运动是将毛坯材料不断投入切削的运动。钻床的切削运动如照片7.2所示。

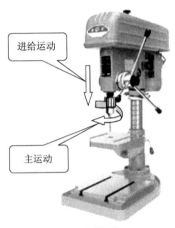

台式钻床

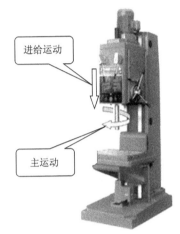

立式钻床

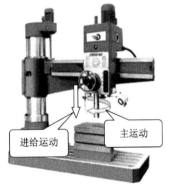

摇臂钻床

台式钻床、立式钻床、摇臂钻床的主运动和进给运动都相同，其主运动是钻床主轴的旋转运动；进给运动是钻床主轴的轴向移动。

照片7.2

2. 辅助运动

为了方便零件在钻床上的装夹、定位，钻床还具有若干辅助运动，如照片7.3所示。

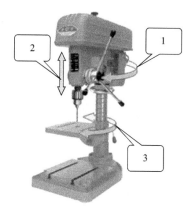

台式钻床的辅助运动有:
1. 主轴箱绕立柱旋转;
2. 主轴箱沿立柱轴向移动;
3. 工作台绕立柱旋转。

台式钻床

立式钻床的辅助运动有:工作台沿立柱轴向移动。

立式钻床

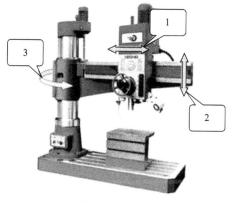

摇臂钻床的辅助运动有:
1. 主轴箱沿摇臂导轨水平移动。
2. 摇臂沿立柱轴向移动;
3. 摇臂绕立柱圆周旋转。

摇臂钻床

照片7.3

7.1.3 钻床转速及进给量调整

1．台式钻床

1）调整转速

台式钻床的转速主要依靠调整钻床主轴箱内的五级皮带轮组来实现，如照片7.4所示。

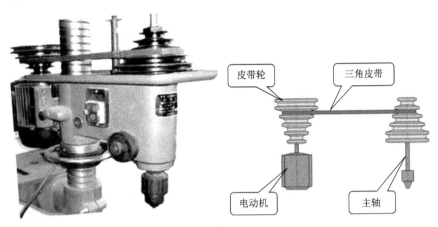

皮带轮　　　三角皮带

电动机　　　主轴

照片7.4

通过调整五级皮带轮组，台式钻床可获得五种不同的转速，三角皮带位置由上至下分别对应的转速为由高到低，如图7.2所示。

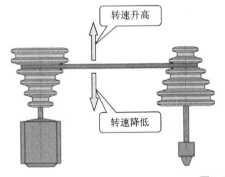

转速升高

转速降低

台式钻床具有五种不同的转速。三角皮带的位置越高，转速越高，反之，转速越低。

图7.2

台式钻床的转速调整方法如照片7.5所示。

转速由高向低调整时，应先向下调整电动机侧皮带轮，然后向下调整主轴侧皮带轮；若转速由低向高调整，则调整顺序相反。

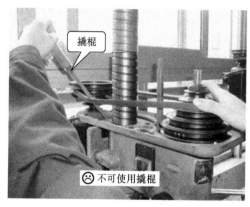

撬棍

☹不可使用撬棍

转速调整时，不可使用撬棍等工具强行调整皮带轮，否则容易损坏三角皮带，缩短皮带的使用寿命。

☺三角皮带处于水平位置

☹三角皮带安装方法错误

转速调整后，三角皮带应处于皮带轮水平位置，否则将增大皮带与带轮槽之间的摩擦，加快皮带磨损。

照片7.5

2）调整进给量

台式钻床的进给运动为手动进给，如照片7.6所示。

台式钻床的进给运动为手动进给，进给量的调整主要依靠操作者的熟练程度来控制。

照片7.6

2．立式钻床

1）调整转速

立式钻床的转速调整是通过调节手柄来实现的，如照片7.7所示。根据零件的加工要求，操作者扳动调节手柄，可以获得不同的转速。

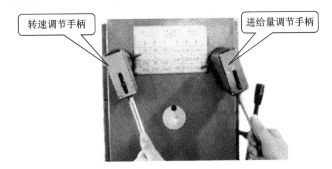

转速调节手柄

进给量调节手柄

照片7.7

2）调整进给量

立式钻床的进给方式有两种，手动进给和机动进给。

（1）手动进给。立式钻床手动进给时，进给量的调整方法与台式钻床进给量的调整方法相同。

（2）机动进给。立式钻床机动进给时，通过调节手柄完成进给量的调整（参照照片7.7所示），同时，需要压下机动进给转换手柄，并向外拉出离合器连接装置，使钻床主轴运动能通过离合器带动进给手柄实现自动进给，如照片7.8所示。

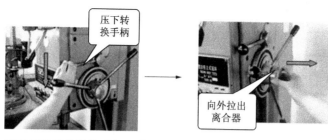

压下机动进给转换手柄，并向外拉出离合器连接装置，使钻床
主轴运动能通过离合器带动进给手柄实现自动进给。

照片7.8

3. 摇臂钻床

摇臂钻床转速和进给量的调整方法与立式钻床调整方法相似。

7.1.4 钻床辅具

钻床上使用的辅具主要有：钻夹头、钻头套、手虎钳、平口钳、
压板及V形垫铁等。

1. 钻夹头

钻夹头的装夹范围较小，一般用来装夹直径为$\phi2 \sim \phi13$mm的直柄
刀具，如图7.3所示。

安装或拆卸孔加工刀具时，使用钻钥匙将其夹紧或松开，如照片
7.9所示。

2. 钻头套

钻头套主要用来装夹直径大于$\phi13$mm的锥柄刀具，通过钻头套的

钻夹头一般用来装夹直径为$\phi2 \sim$
$\phi13$mm的直柄刀具。

钻夹头

直柄刀具

图7.3

莫氏锥度夹紧刀具，如图7.4所示。

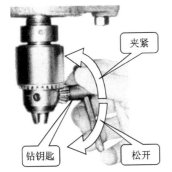

夹紧

钻钥匙   松开

照片7.9

安装或拆卸孔加工刀具时，使用钻
钥匙将其夹紧顺时针方向旋动或松
开（逆时针方向旋动）。

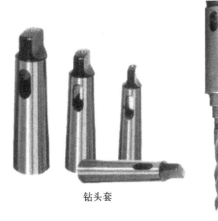

钻头套

图7.4

直径大于ϕ13mm的锥柄刀具要
使用钻头套来装夹，通过钻头
套的莫氏锥度夹紧刀具。

　　钳工常用的钻头套有1号、2号、3号、4号、5号等，钻头套内外
锥度不相同，一般内锥比外锥小一号，如图7.5所示。
　　装夹标准锥柄麻花钻时，可根据麻花钻的直径d选择合适的钻头
套，如表7.1所示。
　　钻头套的安装与拆卸方法如照片7.10所示。
　　3．手虎钳
　　手虎钳一般用来装夹小型零件或薄壁零件，如照片7.11所示。
　　4．平口钳
　　平口钳一般用来装夹小型零件，如照片7.12所示。

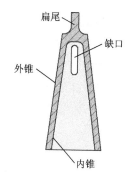

钻头套的内外锥度不相同，一般内锥比外锥小一号，例如1号钻头套的内锥为1号，其外锥为2号；2号钻头套的内锥为2号，外锥为3号，以此类推。

图7.5

表7.1　钻头套的装夹范围

锥柄麻花钻直径d (mm)	钻头套号数
$\phi13 \sim \phi14$	1号
$\phi14.25 \sim \phi23$	2号
$\phi23.25 \sim \phi31.75$	3号
$\phi32 \sim \phi50.50$	4号
$\phi51 \sim \phi76$	5号

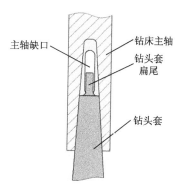

安装：安装钻头套时，将钻头套的缺口与钻床主轴上的缺口相对齐，并将钻头套向上配入主轴莫氏锥孔中（需略带冲击力），安装完成后，能够在主轴缺口中清楚地看到钻头套的扁尾。

照片7.10

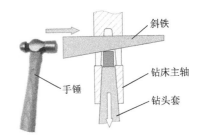

斜铁

斜铁

钻床主轴

手锤

钻头套

拆卸：拆卸时，将斜铁的小端插入主轴缺口中，用手锤锤击斜铁的大端，利用斜铁斜面产生的压力将钻头套从钻床主轴的锥孔中拆下，拆卸中应用左手握住钻头套，以防止钻头套掉落，损坏钻头套。

续照片7.10

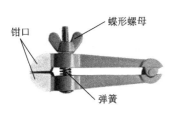

钳口

蝶形螺母

弹簧

手虎钳

小型零件或薄壁零件一般用手虎钳装夹。由于手虎钳装夹零件后，钻孔中心线无法保证与孔口表面相垂直，因此，钻孔精度较低。

照片7.11

手柄

活动钳身

固定钳身

丝杠

底座

在手柄的转动下，带动丝杠作旋转运动，活动钳身内装有与丝杠配合的螺母，丝杠旋转时，可带动活动钳身做直线运动，在固定钳身的配合下，平口钳实现夹紧或松开零件。

照片7.12

5. 压 板

当孔径较大，切削时转矩增大，为保证装夹的可靠和操作安全，零件可以使用压板进行装夹，如照片7.13所示。

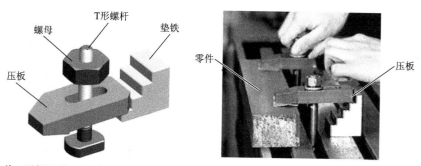

将T形螺杆装入钻床工作台面的T形槽中，根据零件高度，调节垫铁的高度（为保证压板压紧力始终作用在零件上，垫铁的高度应比零件高出2~5mm），并将螺母拧紧，以保证零件加工时的稳定性。

照片7.13

6. V形垫铁

V形垫铁常与压板配合使用，主要用来在钻床工作台面上安装轴类零件，如图7.6所示。

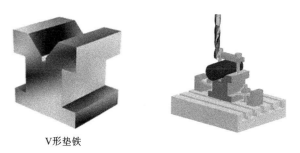

V形垫铁

图7.6

7.1.5 钻床操作安全规程

（1）操作钻床时不可戴手套、不得穿高跟鞋，要戴工作帽和防护眼镜，如图7.7所示。

（2）操作钻床时必须正确穿戴工作服，工作服的袖口必须扎紧，如照片7.14所示。

不戴手套

不穿高跟鞋

戴工作帽

戴防护眼镜

图7.7

操作钻床时必须正确穿戴工作服，工作服的袖口必须扎紧，避免钻床主轴旋转时，将袖口卷入，引起人身伤害事故。

照片7.14

（3） 开动钻床前，应检查是否有钻夹头钥匙或斜铁插在钻轴上，如照片7.15所示。

钻钥匙

😟操作错误

开动钻床时，钻钥匙不可留在钻夹头上，以免钻钥匙在旋转离心力作用下飞出，砸伤操作者，同时，也有可能损坏钻钥匙和钻夹头。

照片7.15

（4） 清除切屑不可用手、棉纱或用嘴吹，必须用毛刷进行清理，如照片7.16所示。

（5） 操作者的头部不得与旋转中的主轴靠得太近，停车时应让主轴自然停止，不可用手刹住，也不能用反转制动，如照片7.17所示。

☺ 操作正确

钻屑的边缘非常锋利，清除时，为避免割伤操作者，应用毛刷进行清理，切不可用手、棉纱或嘴吹的方法清除切屑。

照片7.16

☹ 操作错误

钻床主轴转速较高，停车时应让主轴自然停止，不可用手进行制动或刹车，以免造成操作者手部受伤。操作立式钻床或摇臂钻床时，不能依靠钻床的反转进行制动，以免造成机床的损坏。

照片7.17

（6）严禁在开车状态下装拆工件。检验工件和变换主轴转速，必须在停车状态下进行，如照片7.18所示。

☺ 操作正确

检验工件和变换主轴转速，必须在停车状态下进行，否则容易造成操作者人身伤害事故，同时，也会损坏量具和机床设备。

照片7.18

7.2 孔加工方法

7.2.1 钻孔加工

使用麻花钻在实体材料上加工孔的方法，称为钻孔加工，如照片7.19所示。钻孔是钳工进行孔加工时最常用的方法之一。

1. 麻花钻的结构

钳工常用的麻花钻主要有直柄麻花钻和锥柄麻花钻，它们的结构如图7.8所示。麻花钻一般采用高速钢（W18Cr4V或W9Cr4V2）制成，经过淬火后，硬度达HRC62~68。

钻孔加工是用麻花钻在实体材料上加工孔的方法。

照片7.19

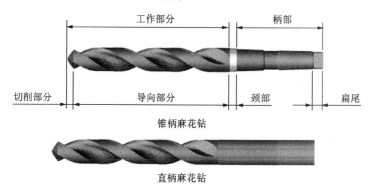

常用的麻花钻主要有锥柄麻花钻和直柄麻花钻两种，其结构主要由工作部分、柄部以及颈部组成。

图7.8

1）麻花钻的工作部分

麻花钻的工作部分由切削部分和导向部分组成。

（1）麻花钻的切削部分。

麻花钻的切削部分起主要切削作用，它由两个刀瓣组成，每一个刀瓣都具有切削作用。麻花钻的切削部分主要由五刃六面组成，如图7.9所示。

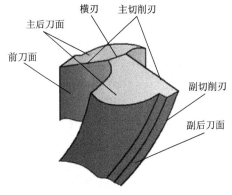

横刃 主切削刃
主后刀面
前刀面
副切削刃
副后刀面

麻花钻的切削部分由两个刀瓣组成。麻花钻的切削部分主要由五刃六面（五刃是指两条主切削刃、两条副切削刃和一条横刃；六面是指两个前刀面、两个后刀面和两个副后刀面）组成。

图7.9

（2）麻花钻的导向部分。

麻花钻的导向部分主要用来保持麻花钻切削加工时的方向准确。当钻头进行重新刃磨以后，导向部分又逐渐转变为切削部分。

导向部分的两条螺旋槽（前刀面），主要起形成切削刃以及容纳和排除切屑的作用，同时也方便冷却润滑液沿螺旋槽流入至切削部分。

导向部分外缘的两条棱带（副后刀面），其直径在长度方向略有倒锥，倒锥量为每100mm长度内，直径向柄部减少0.05～0.1mm，目的在于减少钻头与孔壁之间的摩擦。

2）麻花钻的颈部

颈部是麻花钻在加工时遗留的退刀槽。

3）麻花钻的柄部

柄部是麻花钻的夹持部分。在钻削过程中，用来定心和传递动力。一般直径大于（或等于）13mm的麻花钻，柄部采用锥柄结构；而直径小于13mm的麻花钻，柄部采用直柄结构。

2．麻花钻的刃磨

1）麻花钻的刃磨方法

麻花钻的刃磨方法如照片7.20所示。

2）麻花钻刃磨质量检验

刃磨麻花钻，需检验钻头顶角、后刀面以及切削刃的刃磨质量，其检验方法如照片7.21所示。

刃磨麻花钻时，右手握住钻头前端（工作部分），左手握住钻头柄部，钻头中心基本与砂轮中心水平线一致，并保持主切削刃水平。

钻头的轴心线与砂轮的圆柱母线在水平面内的夹角约等于钻头顶角的一半。

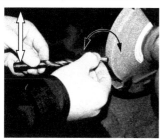

右手握住钻头的头部作为定位支点，使其绕轴线转动，刃磨整个主后刀面，左手握住柄部做上下弧形摆动，使钻头磨出正确的后角。麻花钻刃磨时，两手动作的配合要协调、自然。

钻头刃磨时，需注意适时将钻头放入冷却液中冷却（常用水进行冷却），防止钻头刃磨部分温度过高，造成刃磨部分退火，影响钻头的切削性能。

照片7.20

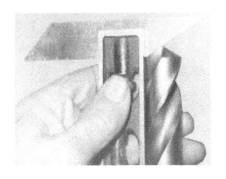

利用角度样板尺检验麻花钻的顶角
（标准顶角为118°±2°），还可
以检验顶角相对钻头中心线的对称
情况。

后刀面为圆
弧过渡表面

两外缘处的
交点应等高

利用目测法检查钻头后刀面的刃磨
质量。要求刃磨后的后刀面为光滑
的过渡圆弧，且外缘处的交点应等
高，以保证钻头能对称进行切削。

利用试切法检查切削刃的刃磨情
况，要求钻头切削刃锋利，切削过
程顺畅、无振动，且产生的切屑为
两条对称的螺旋切屑。

照片7.21

3．钻孔方法

1）划线并敲样冲

按钻孔的尺寸要求，划出孔位的十字中心线，并打上中心样冲
眼，如照片7.22所示。

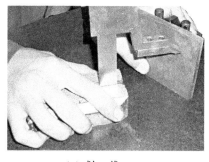
(a) 划　线

(b) 敲样冲眼

先划出孔位的十字中心线，然后打上中心样冲眼。

照片7.22

为了便于在钻孔时检查和借正钻孔的位置，可以按加工孔的直径的大小划出孔的圆周线。对于直径较大的孔，还可以划出几个大小不等的检查圆或检查方框，如图7.10所示。

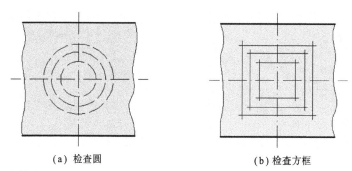
(a) 检查圆

(b) 检查方框

在钻孔时，为了方便检查和借正直径较大的孔的位置，可以划出几个大小不等的检查圆或检查方框。

图7.10

2）起　钻

钻孔时，先使钻头对准钻孔中心起钻出一个浅坑，观察钻孔位置是否正确，如图7.11所示。

若发现钻孔位置发生偏差，可以采用借正的方法进行误差纠正，使浅坑与划线圆同轴，如照片7.23所示。

3）孔距测量找正

钻削有孔距精度要求的孔时，为了保证孔距的精度要求，可以采用如图7.12所示的方法加以找正。

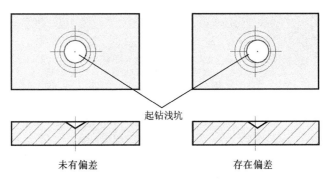

起钻浅坑

未有偏差　　　　　　　　　　存在偏差

钻孔时，先使钻头对准钻孔中心起钻出一个浅坑，观察钻孔位置是否正确。

图7.11

偏位较小时的借料方法

如果偏位较少，可在起钻的同时用力将工件向偏位的相反方向推移，达到逐步校正的目的。

偏位较大时的借料方法

如果偏位较大，可在校正的方向上打上几个样冲眼或用油槽錾錾出几条槽，以减少此处的钻削阻力，从而达到校正的目的。

照片7.23

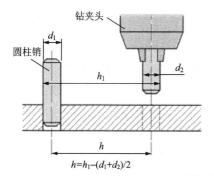

①按单孔加工的方法加工好一个孔；②在这个孔中按孔径要求配入圆柱销；③把另一个圆柱销装夹在钻夹头上，可用游标卡尺或千分尺量出尺寸h_1，计算出所需的中心距h，通过不断的测量、找正，最终达到图纸的加工要求。

$$h=h_1-(d_1+d_2)/2$$

图7.12

4）钻孔时的注意事项

（1）手动进给时，进给力不应使钻头产生弯曲，如图7.13所示，以免钻孔轴线歪斜，甚至折断钻头。

（2）钻削小直径孔或深孔时，进给力要小，并经常退钻排屑，以免切屑阻塞而折断钻头。

（3）钻孔将穿时，进给力必须减小，以防止进给量突然增大，造成增大切削抗力，使钻头折断，或使工件随钻头转动造成事故。

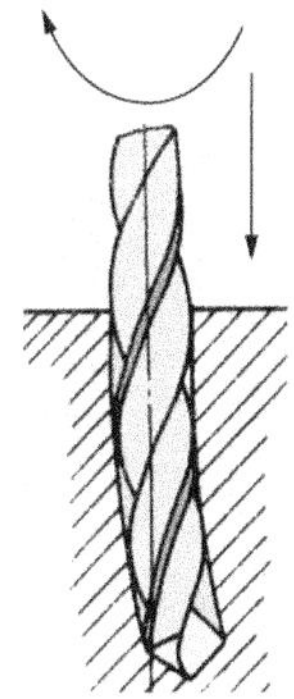

（4）钻削直径较大的孔或深孔时，需要在钻头与零件之间加入冷却润滑液，如照片7.24所示，以防止钻头受热，

图7.13

丧失切削性能，同时，也可防止零件受热，产生变形。

照片7.24

7.2.2　扩孔加工

　　扩孔加工是用扩孔钻对工件上已有的孔进行扩大加工的一种孔加工方法。扩孔加工一般用于孔的半精加工场合，而在实际加工中往往都以麻花钻代替扩孔钻。

　　扩孔加工时，首先钻出底孔，扩孔余量一般为扩孔尺寸的5%～10%，底孔钻出后，主轴与工件相对位置不动，换钻头扩孔至所要求的尺寸。如果底孔钻出后，工件与钻床主轴位置发生变动，需要用圆锥顶尖重新定位后，再进行扩孔加工，如照片7.25所示。

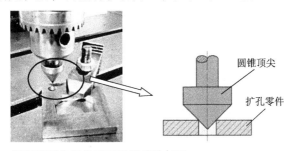

用圆锥顶尖定位后再进行扩孔加工。

照片7.25

7.2.3　锪孔加工

　　用锪钻切出沉孔或锪平孔口端面的方法称为锪孔加工，一般有锪圆柱沉孔、锪圆锥沉孔和锪平孔口端面等加工类型，如图7.14所示。锪孔的目的是为了保证孔端面与孔中心线的垂直度，以便与孔连接的零件在装配时，能保证整齐的外观，结构紧凑，同时使装配位置正确，连接可靠。

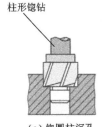

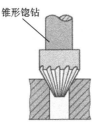

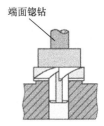

　（a）锪圆柱沉孔　　　　　　（b）锪圆锥沉孔　　　　　　（c）锪平孔口端面

图7.14

钳工生产中常用的锪钻有柱形锪钻、锥形锪钻和端面锪钻三种。

1. 柱形锪钻

柱形锪钻主要用来加工圆柱形埋头孔，其结构如图7.15所示。

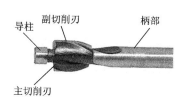

柱形锪钻的端面刀刃为主切削刃，起切削作用，圆周上有副切削刃，起修光孔壁的作用，锪钻前端有导柱，导柱直径与工件上已有孔为紧密的间隙配合，以保证良好的定心和导向作用。一般导柱是可拆卸的，也可以把导柱和锪钻制作成一体的。

图7.15

2. 锥形锪钻

锥形锪钻主要用来加工圆锥形埋头孔，其结构如图7.16所示。

3. 端面锪钻

端面锪钻主要用来锪平孔口端面，用以保证孔口端面与孔中心线之间的垂直度，端面锪钻的结构如图7.17所示。

锥形锪钻的锥角按工件锥形埋头孔加工要求不同，有60°、75°、90°、120°四种，其中90°锥角应用最广泛。

图7.16

端面锪钻的主切削刃为端面刀齿，前端装有导柱，用来提高切削时的导向定心作用。

图7.17

7.2.4　铰孔加工

用铰刀从工件孔壁上切除微量金属层，以提高其尺寸精度和降低表面粗糙度的方法，称为铰孔加工，钳工常用铰孔方法有手工铰孔加工和机动铰孔加工，如照片7.26所示。铰孔的加工精度高，一般可以达到IT9～IT7级，表面粗糙度精度可以达到$Ra1.6\mu m$，常作为孔加工的最后精加工工序。

手工铰孔加工   机动铰孔加工

照片7.26

1．铰　刀

1）常用铰刀类型

钳工常用的铰刀有整体式圆柱铰刀、可调式圆柱铰刀、锥铰刀和螺旋铰刀等，如图7.18所示。

根据铰孔加工方法的不同，铰刀又分为手用铰刀和机用铰刀两种，如图7.19所示。

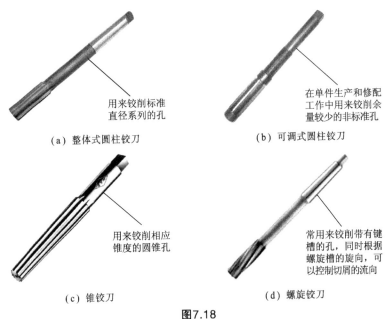

用来铰削标准
直径系列的孔

（a）整体式圆柱铰刀

在单件生产和修配
工作中用来铰削余
量较少的非标准孔

（b）可调式圆柱铰刀

用来铰削相应
锥度的圆锥孔

（c）锥铰刀

常用来铰削带有键
槽的孔，同时根据
螺旋槽的旋向，可
以控制切屑的流向

（d）螺旋铰刀

图7.18

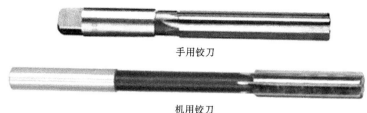

手用铰刀

机用铰刀

图7.19

2）铰刀的结构

以手用整体式圆柱铰刀为例，其结构如图7.20所示。手用整体式圆柱铰刀主要由柄部、颈部和工作部分组成，其中，工作部分又由切削部分和校准部分组成。

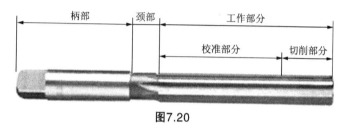

图7.20

铰刀的切削部分带有切削锥角，如图7.21所示，在切削初期，可以起到良好的定心作用。

$2\phi = 1° \sim 3°$

手用铰刀的切削锥角较小，为1°～3°，切削部分较长，铰削时的轴向力较小，切削稳定性较好。

图7.21

手用铰刀的柄部带有方榫，如图7.22所示。

方榫

手用铰刀柄部的方榫，主要作用是便于铰刀的装夹，并可以通过方榫传递切削所需要的周向作用力。

图7.22

2．铰　杠

铰杠是用来装夹手用铰刀的常用工具，如图7.23所示，在铰削时可以传递周向作用力。

活动手柄　　　螺杆　　　　　　　　固定手柄

活动V形槽块　固定V形槽块

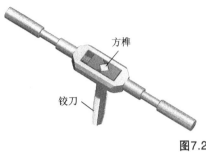

方榫

铰刀

铰杠上的螺杆两端分别连接活动手柄和活动V形槽块，当转动活动手柄时，可以带动活动V形槽块左右移动，并与固定V形槽块相配合，用来夹紧手用铰刀的方榫部分。

图7.23

3．手工铰孔方法

1）起 铰

手工铰孔时，起铰方法如照片7.27所示。

起铰时，采用单手对铰刀施加压力，所施压力必须通过铰孔轴线，同时按顺时针方向转动铰刀使铰刀进行起铰，利用刀口角尺检查铰刀轴线与孔口表面的垂直度，以防止铰出的孔轴线发生歪斜。

照片7.27

2）铰削加工

铰削过程中，两手用力要均匀、平稳地顺时针方向旋转铰刀，如照片7.28所示。

3）退 铰

铰削结束，需要从孔中将铰刀退出，正确退铰刀的方法如照片7.29所示。

铰削过程中，两手用力要均匀、平稳地顺时针方向旋转铰刀，不得有侧向压力，同时适当加压，使铰刀均匀地进给，铰削过程中需适时添加切削液（常用切削液为乳化液）。

照片7.28

为防止铰刀刃口磨钝或将切屑嵌入刀具后刀面与孔壁之间，将孔壁划伤，铰刀不能反转，仍应按顺时针方向旋转铰刀，两手顺着铰刀的旋转方向，慢慢将铰刀向上提，使铰刀顺利退出孔壁。

照片7.29

4. 铰孔精度检查

铰孔精度检查，主要采用相应尺寸精度等级的光滑圆柱塞规，如图7.24所示。

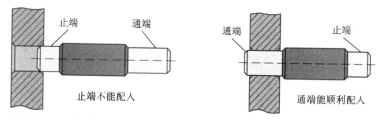

光滑圆柱塞规两端的检查圆柱直径不相同，一端是止端（尺寸为精度等级最大值），另一端是通端（尺寸为精度等级最小值）。检查时，要求光滑圆柱塞规的中心线必须与孔口表面垂直，若塞规的止端不能配入孔中，而通端能顺利配入孔中，则说明该孔精度符合要求。

图7.24

思考与练习

1．孔加工在金属切削加工中应用广泛，常见的孔加工方法有_____、_____、_____以及_____等。

2．钻孔时的切削运动主要由两大运动组成：即____和_____。

3．常用钻床按其结构形式可以分为_____钻床、_____钻床、_____钻床等。

4．摇臂钻床在使用过程中还可以实现三个辅助运动，分别为：_____、_____以及_____。

5．当普通麻花钻的直径小于13mm时，其柄部形式常采用（　　）。

    A．直柄　　　　　　B．锥柄　　　　　　C．都可以

6．台式钻床的主轴一共可以实现五级不同的转速，转速之间的转换主要依靠一组（　　）。

    A．两组三联滑移齿轮组　　　　B．三组二联滑移齿轮组

    C．电动机控制　　　　　　　　D．皮带轮

7．锥形锪钻的锥角按工件锥形埋头孔加工要求不同，有60°、75°、90°、120°四种，其中（　　）的锥角应用最为广泛。

    A．60°　　　　　B．75°　　　　　C．90°　　　　　D．120°

8．在图7.25中标出普通麻花钻切削部分的各组成部分名称。

9．在图7.26中标出整体式圆柱铰刀的组成部分。

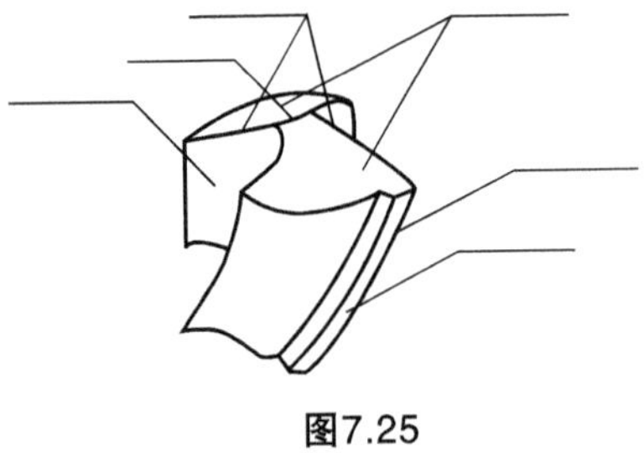

图7.25

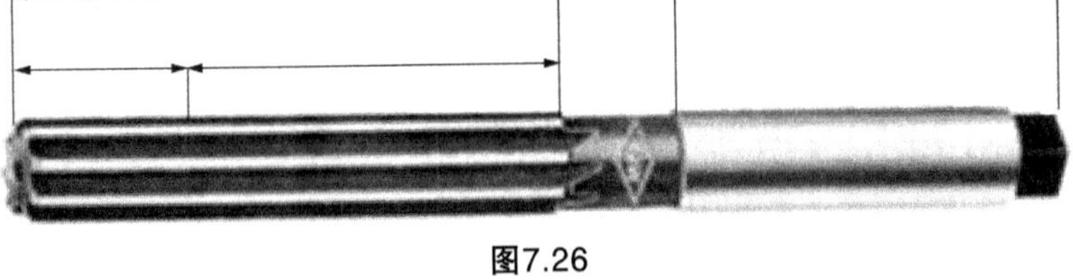

图7.26

第8章

螺纹加工

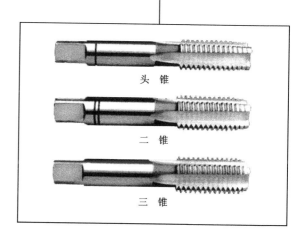

头 锥

二 锥

三 锥

在圆柱或圆锥表面加工出螺旋线，沿着螺旋线形成的具有规定牙型的连续凸起（牙）称为螺纹，如图8.1所示。

内螺纹   外螺纹

图8.1

8.1 螺纹基础知识

8.1.1 螺纹的作用

螺纹主要用于机械连接或传递运动和动力，如图8.2所示。

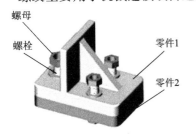

螺母
螺栓
零件1
零件2

机械连接

通过螺母和螺栓之间的螺纹连接，可以将零件1和零件2紧固地连接在一起，使两个零件形成一个装配体。

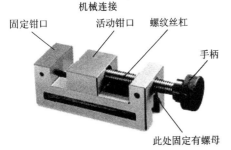

固定钳口 活动钳口 螺纹丝杠

手柄

此处固定有螺母

传递运动

通过转动平口钳上的手柄，带动螺纹丝杠作旋转运动，从而推动活动钳口向前或向后滑移，与固定钳口相配合，就能够在平口钳上实现零件夹紧或松开。

图8.2

　　常见的螺纹种类比较多，按螺纹牙型不同，螺纹常分为三角形螺纹、矩形螺纹、梯形螺纹以及锯齿形螺纹等，如图8.3所示。

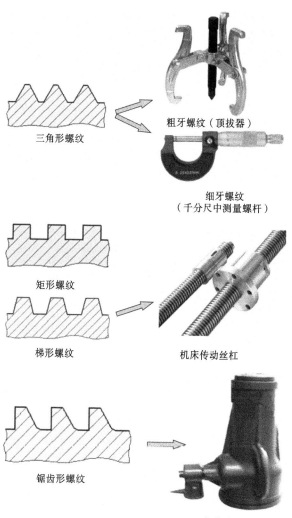

三角形螺纹

粗牙螺纹（顶拔器）

细牙螺纹
（千分尺中测量螺杆）

矩形螺纹

梯形螺纹

机床传动丝杠

锯齿形螺纹

螺旋式千斤顶

图8.3

三角形螺纹的牙型为三角形，一般分为粗牙螺纹和细牙螺纹两种，广泛用于各种紧固连接。粗牙螺纹应用广泛，如顶拔器，细牙螺纹适用于薄壁零件等的连接和微调机构的调整，如千分尺的测量螺杆。

矩形螺纹的牙型为矩形，传动效率高，用于螺旋传动，但牙根强度低，精加工困难，矩形螺纹未标准化，现在已逐渐被梯形螺纹代替。

梯形螺纹的牙型为梯形，牙根强度较高，易于加工，广泛用于机床设备的螺旋传动中，例如机床的传动丝杠。

锯齿形螺纹的牙型为锯齿形，牙根强度较高，用于单向螺旋传动中，多用于起重机械或压力机械，如螺旋式千斤顶。

按螺纹螺旋线旋向不同，螺纹又可以分为左旋螺纹和右旋螺纹，如图8.4所示。

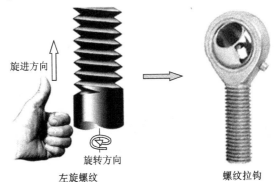

左旋螺纹   螺纹拉钩

左旋螺纹按顺时针方向旋入，应用广泛，如机械行业中常见的螺纹拉钩。

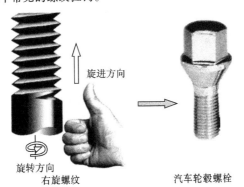

右旋螺纹   汽车轮毂螺栓

右旋螺纹按逆时针方向旋入，常见采用右旋螺纹的零件如汽车轮毂螺栓。

图8.4

按螺纹螺旋线的线数不同，螺纹还可以分为单线螺纹和多线螺纹，如图8.5所示。

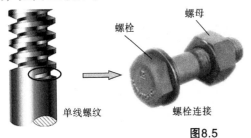

单线螺纹   螺栓连接

单线螺纹是沿一条螺旋线形成的螺纹，多用于连接，如螺栓、螺母等。

图8.5

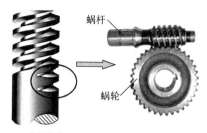

多线螺纹是沿两条或两条以上的轴向等距分布的螺旋线形成的螺纹，多用于螺旋传动，如蜗轮蜗杆传动中的蜗杆根据传动需要常采用多线螺纹。

多线螺纹	蜗轮蜗杆传动

续图8.5

8.1.3 螺纹的参数

以普通螺纹为例，其主要参数如表8.1所示。

表8.1 普通螺纹主要参数

主要参数		图例	代号	说明
螺纹大径（公称直径）	内螺纹	牙底 D	D	螺纹大径是与外螺纹牙顶或内螺纹牙底相重合的假想圆柱面的直径
	外螺纹	牙顶 d	d	
螺纹中径	内螺纹	D_2	D_2	螺纹中径是指一个假想圆柱面的直径，该圆柱的母线通过牙型上沟槽和凸起宽度相等的地方
	外螺纹	d_2	d_2	

主要参数	图　例	代　号	说　明
螺纹小径	内螺纹　牙顶 D_1	D_1	螺纹小径是与外螺纹牙底或内螺纹牙顶相重合的假想圆柱面的直径
	外螺纹　牙底 d_1	d_1	
牙型角	牙型角	α	普通螺纹牙型为三角形,牙型上相邻两牙侧间的夹角即为牙型角,普通螺纹的牙型角α=60°
螺　距	螺距=导程 单线螺纹	P	相邻两牙在中径上对应两点间的轴向距离
导　程	导程 螺距 多线螺纹	P_h	同一条螺旋线上的相邻两牙在中径上对应两点间的轴向距离导程(P_h)、螺距(P)和线数(Z)之间的关系:$P_h=Z\cdot P$

8.1.4　螺纹的标注

以普通螺纹为例,其标注方法如表8.2所示。

表8.2　普通螺纹的标注方法

普通螺纹	代　号	螺纹标注示例	内、外螺纹配合标注示例
粗牙螺纹	M	M 12 LH — 7g — L M：粗牙普通螺纹 12：公称直径 LH：左旋 7g：外螺纹中径和大径公差带代号 L：长旋合长度	M 12 LH — 6H / 7g M：粗牙普通螺纹 12：公称直径 LH：左旋 6H：内螺纹中径和小径公差带代号 7g：外螺纹中径和大径公差带代号
细牙螺纹		M 12 × 1 — 7H 8H M：细牙普通螺纹 12：公称直径 1：螺距 7H：内螺纹中径公差带代号 8H：内螺纹小径公差带代号	M 12 × 1 — 6H / 7g 8g M：细牙普通螺纹 12：公称直径 1：螺距 6H：内螺纹中径和小径公差带代号 7g：外螺纹中径公差带代号 8g：外螺纹大径公差带代号

普通螺纹标注说明：

（1）普通细牙螺纹的每一个公称直径对应着数个螺距，必须标出螺距值，如M12×1；而普通粗牙螺纹只有一个对应的螺距，螺距值可以省略不用标注，如M12。常用普通螺纹直径与螺距如表8.3所示。

表8.3　常用普通螺纹螺距

公称直径D、d			螺距P	
第一系列	第二系列	第三系列	粗　牙	细　牙
4			0.7	0.5
5			0.8	
6		7	1	0.75、0.5
8			1.25	1、0.75、（0.5）
10			1.5	1.25、1、0.75、（0.5）
12			1.75	1.5、1.25、1、（0.75）、（0.5）
	14		2	1.5、（1.25）、1、（0.75）、（0.5）
		15		1.5、（1）
16			2	1.5、1、（0.75）、（0.5）
20	18		2.5	2、1.5、1、（0.75）、（0.5）
24			3	2、1.5、1、（0.75）
		25		2、1.5、（1）
	27		3	2、1.5、1、（0.75）
30			3.5	（3）、2、1.5、1、（0.75）
36			4	3、2、1.5、（1）
		40		（3）、（2）、1.5
42	45		4.5	（4）、3、2、1.5、（1）

注：①优先选用第一系列，其次是第二系列，第三系列尽可能不用；②括号内尺寸尽可能不用；
③ M14×1.25仅用于火花塞。

（2）右旋螺纹不标注旋向代号，左旋螺纹必须标注旋向代号"LH"。

（3）螺纹的旋合长度是指两个相互旋合的螺纹，沿轴线方向相互结合的长度。螺纹的旋合长度有三种，分别是长旋合长度（L）、中等旋合长度（N）和短旋合长度（S），中等旋合长度不标注。

（4）公差带代号中，前者为中径公差带代号，后者为外螺纹的大径或内螺纹的小径公差带代号，当两者相一致时，只标注一个公差带代号。内螺纹用大写字母表示，如"D"；外螺纹用小写字母表示，如"d"。

（5）内、外螺纹配合的公差带代号中，前者为内螺纹公差带代号，后者为外螺纹公差带代号，中间用"/"分开。

8.2 攻螺纹

用丝锥在零件孔中切削出内螺纹的加工方法称为攻螺纹，如图8.6所示。攻螺纹主要用来加工内螺纹零件。

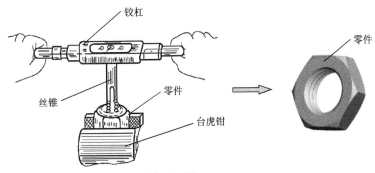

攻螺纹时采用的工具主要有铰杠和丝锥。

图8.6

8.2.1 攻螺纹工具

1. 丝 锥

丝锥是加工内螺纹的工具，钳工常用的有手用普通螺纹丝锥和机用丝锥两种，如图8.7所示。

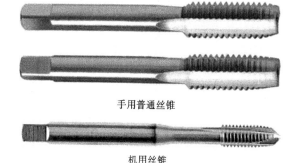

手用普通丝锥由碳素工具钢或合金工具钢制成，一般两支或三支组成一组。

机用丝锥通常是用高速钢制成，一般是单独一支。

手用普通丝锥

机用丝锥

图8.7

1）丝锥的结构

手用普通丝锥与机用丝锥的结构相同，本书以手用普通丝锥为例，介绍丝锥的结构。

手用普通丝锥的结构如图8.8所示。

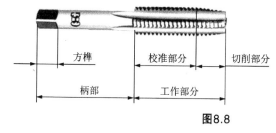

方榫　　校准部分　　切削部分

柄部　　　工作部分

手用普通丝锥主要由工作部分和柄部组成，其中工作部分又分为切削部分和校准部分，柄部带有用来传递周向切削力的方榫。

图8.8

（1）柄部。

柄部是用来连接方榫和工作部分的，丝锥的规格等参数都刻在柄部，方便操作人员根据这些参数选择丝锥，如图8.9所示。

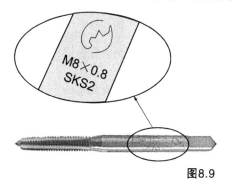

M8×0.8
SKS2

柄部是用来连接方榫和工作部分的，丝锥的规格等参数都刻在柄部,如: $\langle \cdot \rangle$ 是产品的商标；M8×0.8表示螺距为0.8，螺纹大径为8的细牙普通螺纹；SKS2表示丝锥的制作材料为合金工具钢。

图8.9

丝锥的柄部带有方榫，用来在铰杠上夹持丝锥，如图8.10所示，通过方榫，可以传递切削所需的周向作用力。

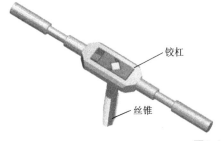

丝锥正确装夹后，方榫与铰杠上的方槽相配合，攻螺纹时，就可以通过转动铰杠，带动丝锥产生切削所需的周向作用力。

铰杠

丝锥

图8.10

（2）工作部分。

丝锥工作部分由切削部分和校准部分组成。

丝锥的切削部分起主切削作用。前端磨出切削锥角，便于切入，使切削省力。

丝锥校准部分有完整的牙型，用来修光和校准已切出的螺纹，并引导丝锥沿轴向前进。

丝锥的工作部分沿轴向开有容屑槽，容屑槽的作用有两个：一是可以形成丝锥的切削刃；二是可以容纳切削时产生的切屑。

钳工常用丝锥的容屑槽有两种：直槽和螺旋槽，如图8.11所示。

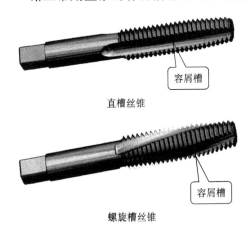

容屑槽

直槽丝锥

容屑槽

螺旋槽丝锥

图8.11

为了便于丝锥的制造和刃磨，一般丝锥的容屑槽都制作成直槽，钳工攻螺纹加工时，所选用的丝锥一般都是直槽的。但在有些加工要求特殊的场合，也会选用具有螺旋状容屑槽的丝锥。

螺旋槽丝锥按螺旋槽旋向不同，分别有左旋螺旋槽和右旋螺旋槽两种，如图8.12所示。

2）成组丝锥选用

为了减少切削力和延长使用寿命，一般将整个切削工作量分配给几支丝锥来承担。通常M6～M24的丝锥每组有两支；M6以下及M24以上的丝锥每组有三支；细牙螺纹丝锥为两支一组。

（1）三支一组丝锥选用。

丝锥选用时，可根据丝锥柄部的圆环标记进行选用，如图8.13所示。

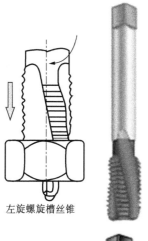

左旋螺旋槽丝锥

左旋螺旋槽按逆时针方向旋转，主要用来加工通孔螺纹，可以控制切屑向下排出，保证已攻出的螺纹表面精度。

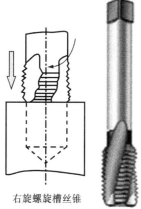

右旋螺旋槽丝锥

右旋螺旋槽按顺时针方向旋转，主要用来加工盲孔（不通孔）螺纹，可以控制切屑向上排出，不会因为切屑没有及时排出而堵塞孔底，造成切削无法进行。

图8.12

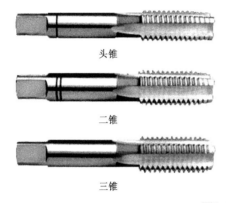

丝锥选用时，可根据丝锥柄部的圆环标记进行选用，头锥为一道圆环，用于粗加工；二锥为两道圆环，用于细加工；三锥没有圆环，用于精加工。

头锥

二锥

三锥

图8.13

（2）两支一组丝锥选用。

丝锥选用时，可根据丝锥切削部分的长短进行选用，如图8.14所示。

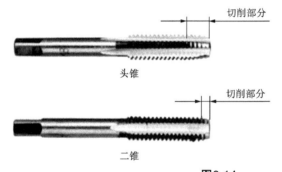

切削部分

头锥

切削部分

二锥

丝锥选用时，可根据丝锥切削部分的长短进行选用，头锥的切削部分较长，用于粗加工；二锥的切削部分较短，所以用于精加工。

图8.14

2. 铰 杠

铰杠是手工攻螺纹时用来夹持丝锥的工具，钳工常用的铰杠有普通铰杠（与铰孔时用的铰杠相同）和丁字铰杠等，如图8.15所示。

铰杠的装夹尺寸和柄部的长度都有一定规格，使用时应按丝锥尺寸大小进行选用。表8.4所示为铰杠规格的适用范围。

表8.4　铰杠规格选用

铰杠规格（mm）	150	225	275	375	475	600
适用的丝锥范围	M5~M8	>M8~M12	>M12~M14	>M14~M16	>M16~M22	M24以上

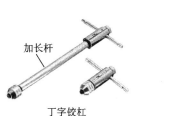

加长杆

丁字铰杠

丁字铰杠的夹持部分配有加长杆，可以用于加工高凸台旁或箱体内部的螺纹。选用配有加长杆的丁字铰杠，可以有效避免零件上高台部分的干涉，保证铰削的顺利进行。

图8.15

8.2.2 攻螺纹方法

攻螺纹操作，可按如图8.16所示步骤进行。

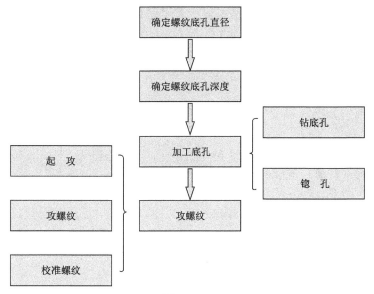

图8.16

1. 确定螺纹底孔直径

攻螺纹时，丝锥在切削金属的同时，还伴随较强的挤压作用，如图8.17所示。

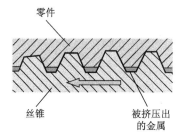

零件

丝锥

被挤压出
的金属

攻螺纹时，零件材料产生塑性变形，并形成凸起挤向牙尖，容易堵塞丝锥牙型与底孔之间的容屑空间，造成丝锥被箍住，甚至折断丝锥。这种现象在加工塑性较大的材料时将更为严重。

图8.17

因此，攻螺纹前需合理确定底孔直径的大小，但底孔又不宜过大，否则会使螺纹牙型高度不够，降低强度。

底孔直径大小的确定，需考虑零件材料塑性的大小及钻孔的扩张量，可根据经验公式计算得出。

对于钢件等塑性较大的材料，其经验公式为

$$D_{钻}=D-P \tag{8.1}$$

对于铸铁等塑性较小的材料，其经验公式为

$$D_{钻}=D-(1.05 \sim 1.1)P \tag{8.2}$$

式中，$D_{钻}$为攻螺纹钻螺纹底孔用钻头直径，单位为mm；D为螺纹大径，单位为mm；P为螺距，单位为mm（螺纹的常用螺距可以查阅表8.3）。

例：分别计算在钢件和铸铁件上攻M10螺纹时的底孔直径各为多少？

解：查表8.3，螺距$P=1.5$mm。

钢件攻螺纹底孔直径：

$$\begin{aligned} D_{钻} &= D-P \\ &= 10-1.5=8.5(\text{mm}) \end{aligned}$$

铸铁件攻螺纹底孔直径：

$$\begin{aligned} D_{钻} &= D-(1.05 \sim 1.1)P \\ &= 10-(1.05 \sim 1.1) \times 1.5 \\ &= 10-(1.575 \sim 1.65) \\ &= 8.425 \sim 8.35(\text{mm}) \end{aligned}$$

2．确定螺纹底孔深度

螺纹底孔深度的确定只针对盲孔（不通孔）而言，如图8.18所示。加工通孔时，螺纹底孔深度即为零件的厚度。

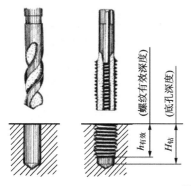

攻盲孔（不通孔）螺纹时，由于丝锥切削部分有锥角，端部不能切出完整的牙型，所以钻孔深度要大于螺纹的有效深度。

图8.18

攻螺纹前底孔深度一般取：

$$H_{钻}=h_{有效}+0.7D \tag{8.3}$$

式中，$H_{钻}$ 为底孔深度，单位为mm；$h_{有效}$ 为螺纹有效深度，单位为mm；D 为螺纹大径，单位为mm。

例：在如图8.19所示45钢零件上钻攻M10螺纹，求底孔深度为多少？

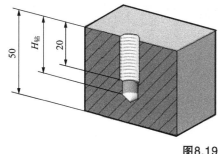

解：$H_{钻}=h_{有效}+0.7D$
$=20+0.7 \times 10$
$=27(mm)$

图8.19

3．加工底孔

1）钻底孔

根据计算的底孔直径，选择相应的钻头在零件上钻孔，盲孔零件加工时，需要控制钻孔的深度，如图8.20所示。

2）锪　孔

在攻螺纹时，为了增加丝锥与底孔之间的接触稳定性，需要在底孔的孔口进行锪孔加工，如图8.21所示。

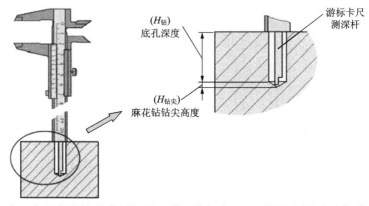

由于麻花钻的钻尖为圆锥形，利用游标卡尺的测深杆测量底孔深度时，实际所测数值为底孔深度和麻花钻钻尖高度的总和，通过计算麻花钻钻尖高度，可以间接得出所钻底孔深度值。

图8.20

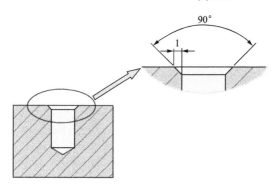

在攻螺纹时，为了增加丝锥与底孔之间的接触稳定性，需要在底孔孔口进行锪孔加工，一般锪孔锥角为90°，锪孔深度为1mm。

图8.21

4. 攻螺纹

1）起 攻

将头锥正确装夹在铰杠上，起攻时，可单手手掌按住铰杠中部，沿丝锥轴线方向施加作用力，同时顺时针转动铰杠，使丝锥在孔口沿顺时针方向旋进，如照片8.1所示。

起攻时，还应注意控制丝锥轴线与零件表面之间的垂直情况，以防止加工后的螺纹轴线与零件表面不垂直，影响螺纹连接精度，丝锥轴线与零件表面的垂直度情况可利用90°角尺进行检查，如照片8.2所示。

将头锥正确装夹在铰杠上，起攻时，可单手手掌按住铰杠中部，沿丝锥轴线方向施加作用力，同时顺时针转动铰杠。

照片8.1

攻螺纹时，应保证螺纹孔轴线与零件平面之间的垂直度精度，当丝锥攻入底孔1~2圈时，应及时从前、后、左、右等几个方向用90°角尺进行检查，以便及时发现丝锥的不垂直情况。

照片8.2

2）攻螺纹

攻螺纹时，应两手握住铰杠两端均匀施加压力，并将丝锥沿顺时针方向旋进，如照片8.3所示。

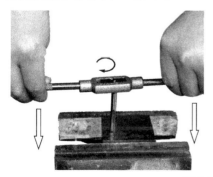

攻螺纹时，应两手握住铰杠两端均匀施加压力，并将丝锥顺向旋进，同时需在丝锥与孔壁之间加适量切削液进行润滑（一般钢件上采用机油润滑、铸铁上采用煤油润滑）。

照片8.3

攻螺纹时，为防止切屑阻塞，造成丝锥卡死，在攻螺纹过程中，要经常将丝锥倒转（逆时针）1/4～1/2圈，以便使切屑碎断后容易排出，如照片8.4所示。

照片8.4

5．校准螺纹

铰杠换装二锥，然后以相同的攻螺纹方法校准螺纹，如照片8.5所示。

校准螺纹时，由于二锥切削用量较小，两手不需要施加压力，若选用三支一组的成组丝锥，则在二锥校准完成后，换装三锥进行校准。

照片8.5

8.3 套螺纹

用板牙在圆杆上切削出外螺纹的加工方法称为套螺纹，如图8.22所示。套螺纹加工时所使用的工具主要是板牙和板牙架。

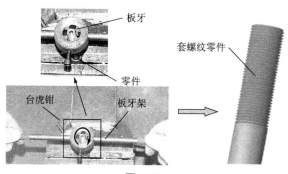

图8.22

8.3.1　套螺纹工具

1. 板牙

板牙是加工外螺纹的工具，常采用合金工具钢或高速钢制作并经淬火处理。板牙的结构如图8.23所示。

1）切削部分

切削部分是板牙两端有切削锥角的部分，如图8.24所示。

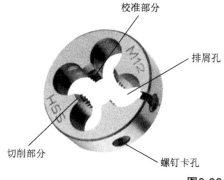

板牙表面常刻有板牙的参数、材料等信息，方便操作人员选用。如M12：表示板牙加工的是大径为12mm的普通粗牙螺纹；HSS：表示板牙的制造材料为高速钢。

图8.23

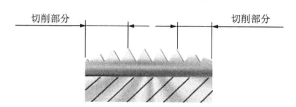

板牙两端都有切削部分，待一端磨损后，可换另一端使用。

图8.24

2）校准部分

板牙中间一段是校准部分，也是套螺纹时的导向部分，如图8.25所示。

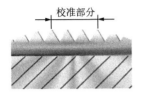
校准部分

校准部分可以引导板牙顺利完成切削，同时又能保证螺纹的尺寸精度，提高螺纹表面粗糙度精度。

图8.25

3）排屑孔

排屑孔是板牙上的容屑槽，在切削时起容屑作用，防止板牙与零件之间因排屑不畅而发生堵塞现象。

4）螺钉卡孔

板牙安装在板牙架上时，板牙架上的锁紧螺钉经拧紧，卡配在螺钉卡孔中，从而使板牙的位置相对圆周固定，可以传递轴向作用力，保证切削的正常进行。

2．板牙架

板牙架是装夹板牙的工具，如图8.26所示。板牙放入后，用锁紧螺钉紧固。

锁紧螺钉　　板牙　板牙架

图8.26

8.3.2　套螺纹方法

以图8.27所示零件为例，讲解套螺纹的方法。

1．确定圆杆直径

与丝锥攻螺纹一样，用板牙在零件上套螺纹时，材料同样因受挤压而变形，牙顶将被挤高，所以套螺纹前圆杆直径应稍小于螺纹的大径尺寸。

该零件为双头螺杆，材料为45钢，利用套螺纹的方法加工成型。

零件两端螺纹加工相同，加工步骤如下：

① 确定圆杆直径；

② 圆杆端部倒角；

③ 套螺纹。

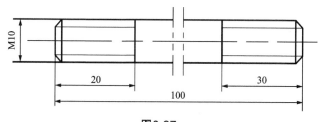

图8.27

一般圆杆直径用下式计算：

$$d_{杆} = d - 0.13p \qquad (8.4)$$

式中，$d_{杆}$ 为套螺纹前圆杆直径，单位为 mm；d 为螺纹大径，单位为 mm；p 为螺距，单位为 mm。

例：在45钢的圆杆上需套M12的螺纹，试确定圆杆直径的尺寸。

解：
$$\begin{aligned} d_{杆} &= d - 0.13p \\ &= 12 - 0.13 \times 1.75 \\ &= 11.77 (mm) \end{aligned}$$

2．圆杆端部推角

为了使板牙起套时容易切入零件并作正确引导，圆杆端部需要倒角处理，一般倒成半锥角为15°～20°的锥体，如图8.28所示。

3．套螺纹

1）零件的装夹方法

套螺纹零件为圆杆形零件，由于套螺纹时的切削力矩较大，在台虎钳上装夹时，需采用V形夹块或厚铜皮作为衬垫，才能保证夹紧可靠，如图8.29所示。

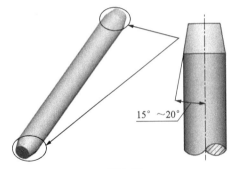

图8.28

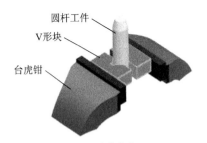

采用V形夹块装夹

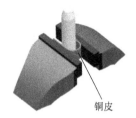

采用厚铜皮装夹

图8.29

2）起 套

起套方法与攻螺纹起攻方法一样，单手按住铰杠中部，沿圆杆轴向施加压力，同时沿顺时针方向旋转切削，如照片8.6所示。

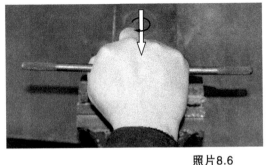

起套时，转动速度要慢，压力要大。

照片8.6

为了保证板牙在圆杆四周切削均匀，起套时，还需要控制板牙表面与圆杆轴心线的垂直度，如照片8.7所示。

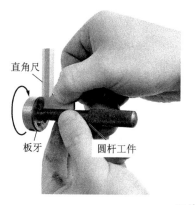

直角尺

板牙 圆杆工件

在板牙切入圆杆1~2牙时，应及时检查其板牙表面相对于圆杆轴心线的垂直度，检查时转动圆杆零件，在多个圆周方向上进行测量，以正确控制垂直度误差。

照片8.7

3）套螺纹

套螺纹时，不要加压，让板牙自然引进，以免损坏螺纹和板牙，如照片8.8所示。

在套螺纹的过程中也要经常倒转以断屑（一般切削2~3圈，需逆时针回转1/2~1圈），防止切屑阻塞，造成板牙无法顺利切削，如照片8.9所示。

套螺纹时，不要加压，让板牙自然引进，以免损坏螺纹和板牙。
套螺纹时需添加合适的切削液，切削液的选用与攻螺纹时的选用方法相同。

照片8.8

在套螺纹的过程中也要经常倒转以断屑（一般切削2~3圈，需逆时针回转1/2~1圈），防止切屑阻塞，造成板牙无法顺利切削。

照片8.9

1．丝锥由＿＿＿和＿＿＿组成。工作部分又分为＿＿＿＿和＿＿＿＿。

2．攻螺纹时，丝锥切削刃对材料产生挤压，因此攻螺纹前直径必须稍大于＿＿＿＿的尺寸。

3．加工不同孔螺纹，要使切屑向上排出，丝锥容屑槽制作成（　　　）槽。

    A．左旋　　　　　　　　　　B．右旋

    C．直

4．为了使板牙起套时容易切入工件并作正确引导，圆杆端部要倒角——倒成锥半角为（　　　）的锥体。

    A．10°～30°　　　　　　　　B．15°～20°

    C．30°～40°

5．简述攻螺纹的方法。

6．简述套螺纹的方法。

7．用计算法求下列螺纹底孔直径。（精确到小数点后面一位）

    （1）在钢件上攻螺纹：M8　M10　M16　　M12×1

    （2）在铸铁上攻螺纹：M8　M10　M16　　M12×1

8．计算在钢件上攻M18的螺纹时的底孔直径。若攻不通孔螺纹，其螺纹有效深度为45mm，求底孔深度为多少？

9．需在钢件上套制M8、M10、M12的螺纹，试确定圆杆直径的尺寸。

第9章

刮　削

9.1　平面刮削
9.2　曲面刮削

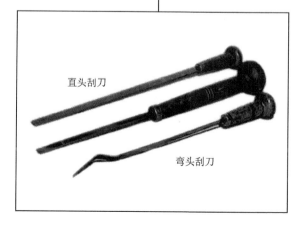

直头刮刀

弯头刮刀

使用刮刀刮除零件表面薄层的加工方法称为刮削。按照刮削对象不同，刮削常分为平面刮削和曲面刮削两种，如照片9.1所示。刮削原理是在零件与校准工具或与其相配合的工件之间涂上一层显示剂，经过对研，使工件上较高的部位显示出来，然后用刮刀进行微量刮削，刮去较高部分的金属层。

平面刮削

曲面刮削

照片9.1

在刮削过程中，由于零件多次受到刮刀的推挤和压光作用，从而使零件表面组织变得比原来紧密，表面粗糙度值较小，最高可达 $Ra0.4mm$，同时，表面还能形成比较均匀的微浅凹坑，可以创造良好的存油条件，改善相对运动零件之间的润滑情况，如照片9.2所示。

平面刮削后的表面凹坑

曲面刮削后的表面凹坑

照片9.2　刮削后的表面

因此，机床导轨、与滑行面和滑动轴承接触的表面、工具、量具的接触面及密封表面等，在机械加工之后常采用刮削方法进行加工。

9.1.1 刮削工具

1. 平面刮刀

1）刮刀的结构

常用的平面刮刀有直头刮刀和弯头刮刀两种，如照片9.3所示。

平面刮刀一般采用T12A碳素工具钢或耐磨性较好的GCr15滚动轴承钢锻造，并经磨制和热处理淬硬而成。

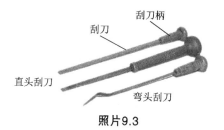

刮刀柄

刮刀

直头刮刀

弯头刮刀

照片9.3

平面刮刀切削部分的结构根据不同的使用场合，主要分为三种，如图9.1所示。

2）刃磨刮刀

刃磨刮刀主要是根据不同的使用场合，刃磨出合适的刮刀切削角

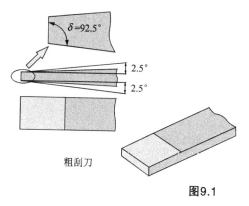

$\delta = 92.5°$

2.5°

2.5°

粗刮刀

图9.1

粗刮刀的切削刃为直线形，切削角$\delta = 92.5°$，切削时，切削刃与零件表面接触面积大，切削量大，主要用于粗加工。

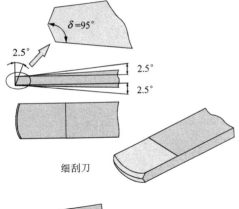

细刮刀的切削刃略带直线形，切削角δ＝95°，切削时，切削刃与零件表面接触面积较粗刮刀有所减小，主要用于零件表面半精加工。

细刮刀

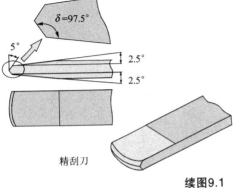

精刮刀与细刮刀形状相似，切削角δ＝97.5°。主要用于零件表面的精加工。

精刮刀

续图9.1

度。刃磨刮刀主要经过粗磨刮刀平面、粗磨刮刀切削部分端面以及精磨刮刀三个步骤。

（1）粗磨刮刀平面。

粗磨刮刀平面主要是将刮刀平面贴在砂轮的侧面进行刃磨，如照片9.4所示。

（2）粗磨刮刀切削部分端面。

粗磨刮刀切削部分端面时，需要将刮刀切削部分的端面放在砂轮的边缘上进行左右移动刃磨，如照片9.5所示。

（3）精磨刮刀。

刮刀精磨需在油石上进行，油石表面需要涂抹机油，如照片9.6所示。

精磨时，先磨刮刀两平面，再精磨刮刀切削部分端面，如照片9.7所示。

刃磨时，应将刮刀平面贴在砂轮的侧面，保证刃磨过程中，刮刀平面刃磨的完整性。

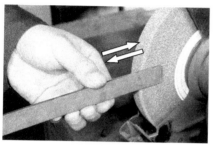

刃磨时，刮刀还需要不断前后移动，使刮刀平面达到平整。

照片9.4

刃磨时，左手尽量握住靠近刮刀切削部分，以防止刮刀在砂轮上刃磨时，跳动量过大，既损坏刮刀和砂轮，又容易引发安全事故。

照片9.5

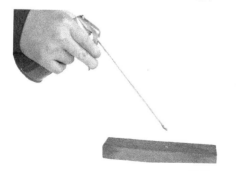

油石表面需用机油浸润，然后再进行刃磨，否则油石表面过于干燥，刃磨工作无法正常进行，同时，油石也容易磨损。

照片9.6

精磨刮刀平面时，将刮刀平面贴在油石表面上左右移动刃磨至表面光滑为止。

精磨刮刀两平面

精磨刮刀切削部分端面，左手握住刮刀刀柄，右手握住刮刀刀身（靠近刮刀切削部分处），使刮刀直立在油石上作前后刃磨。

精磨刮刀切削部分端面

照片9.7

2．校准工具

校准工具是用来推磨研点和检查被刮面准确性的工具，也称为研具，如图9.2所示。

3．显示剂

显示剂是在刮削时用来显示零件误差位置和大小的涂料。常用的显示剂主要有红丹粉和蓝油，如照片9.8所示。

在调和显示剂时应注意：粗刮时，可调得稀些，这样在刀痕较多的零件表面上，便于涂抹，显示的研点也大；精刮时，应调得干些，涂抹要薄而均匀，这样显示的研点细小，否则，研点会模糊不清。

校准平板

校准直尺

角度直尺

常用的研磨具有校准平板（通用平板）、校准直尺、角度直尺以及根据被刮面形状设计制造的专用校准型板等。

图9.2

红丹粉

红丹粉分铅丹（氧化铅，呈橘红色）和铁丹（氧化铁，呈红褐色）两种，颗粒较细，用机油调和后使用，广泛用于钢件和铸铁零件。

蓝　油

蓝油是用蓝粉和蓖麻油及适量机油调和而成的，呈深蓝色，其研点小而清楚，多用于精密零件和有色金属及其合金的零件。

照片9.8

刮削时，显示剂可以涂抹在零件表面上，也可以涂抹在校准工具上，如照片9.9所示。

显示剂涂抹在零件表面：在零件表面显示的结果是红底黑点，没有闪光，容易看清，适用于精刮时选用。

显示剂涂抹在校准工具上：显示剂只在零件表面的高处着色，研点暗淡，不易看清，但切屑不易黏附在刀刃上，刮削方便，适用于粗刮时选用。

照片9.9

9.1.2 刮削方法

1．手刮法

手刮法的操作姿势如照片9.10所示。

手刮法动作灵活，适应性强，适用于各种工作位置，对刮刀长度要求也不太严格，姿势可合理掌握，但手较易疲劳，所以不适用于加工余量较大的场合。

2．挺刮法

挺刮法的操作姿势如照片9.11所示。

刮刀的握法

右手与握锉刀柄姿势相同，左手四指向下握住近刮刀头部约50mm处。

照片9.10

刮刀与被刮削表面呈20°~30°角度。

刮削角度

刮削时，左脚前跨一步，上身随着往前倾斜，这样可以增加左手压力，也容易看清刮刀前面点的情况。

手刮姿势

续照片9.10

刮刀柄应安装牢固，操作时，将刮刀柄放在小腹右下侧。

刮刀柄的放置位置

照片9.11

双手并拢握在刮刀前部距刀刃的80mm左右处。

刮刀的握法

刮削时刮刀对准研点，左手下压，利用腿部和臀部力量，使刮刀向前推挤。

挺刮姿势

续照片9.11

挺刮法每刀切削量较大，适合大余量的刮削，工作效率相对手刮法要高，但腰部容易疲劳。

9.1.3 刮削余量

由于刮削每次只能刮去很薄的一层金属，且刮削操作的劳动强度又很大，所以要求在机械加工后留下的刮削余量不宜太大，一般为$0.05 \sim 0.4$mm，具体如表9.1所示。

表9.1 平面刮削余量

平面宽度	平面长度(mm)				
	100~500	>500~1000	>1000~2000	>2000~4000	>4000~6000
100以下	0.10	0.15	0.20	0.25	0.30
100~500	0.15	0.20	0.25	0.30	0.40

9.1.4　刮削步骤

平面刮削一般要经过粗刮、细刮、精刮，以增加表面研点，改善表面质量，使刮削面符合精度要求。因此，为了使刮削面美观，并使滑动件之间形成良好的润滑条件，通常在精刮后还需进行刮花操作，常见的刮花花纹如图9.3所示。

　　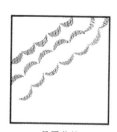

　　　　斜花纹　　　　　　　鱼鳞花纹　　　　　　　月牙花纹

刮花的目的主要是为了使刮削面美观，并使滑动件之间形成良好的润滑条件。

图9.3

9.1.5　显点方法

显点就是通过零件和校准工具之间的对研，将零件表面的高点显现出来的过程。由于被刮削零件的形状和刮削面积的大小各有不同，采用的显点方法也有所不同。

1.　较小零件显点

刮削零件面积较小，显点时，可以直接将零件放置在校准工具上作往复推研，如照片9.12所示。

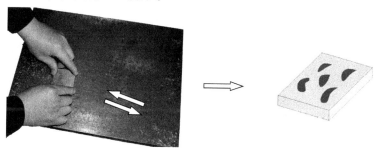

照片9.12

2．较大零件显点

当刮削零件面积与校准平板面积相同时，显点时，推研刮削零件超出校准平面边缘距离不得大于校准平面边长的1/5，否则容易影响显点的准确性，如照片9.13所示。

照片9.13

9.1.6 刮削质量检验

对刮削质量最常用的检查方法，是将被刮面与校准工具对研后，用边长为25mm的正方形方框罩在被检查面上，根据方框内的研点数来判断接触精度，如照片9.14所示。

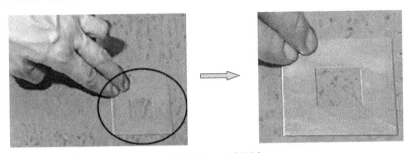

粗刮：要求每25mm×25mm方框内有2~3个研点。
细刮：要求每25mm×25mm方框内有2~15个研点。
精刮：要求每25mm×25mm方框内的研点数达20个以上。

照片9.14

9.2 曲面刮削

曲面刮削的原理和平面刮削一样，只是曲面刮削使用的刀具和刮削方法与平面刮削有所不同。

9.2.1 曲面刮刀

曲面刮刀用于刮削内曲面，常用的有三角刮刀，蛇头刮刀和柳叶刮刀，如图9.4所示。

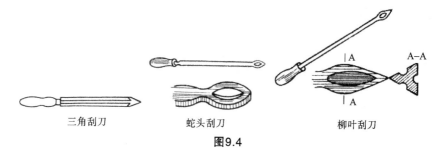

三角刮刀   蛇头刮刀   柳叶刮刀

图9.4

1. 三角刮刀的刃磨方法
三角刮刀的刃磨方法如照片9.15所示。

2. 蛇头刮刀的刃磨方法
蛇头刮刀的刃磨方法如照片9.16所示。

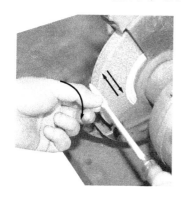

右手握刀柄，使它按照刀刃形状进行弧形摆动，同时在砂轮宽度上来回移动。

照片9.15

基本成型后，将刮刀调转，顺着砂轮外圆柱面进行修整，修整时，刮刀应顺着箭头方向作圆弧摆动。

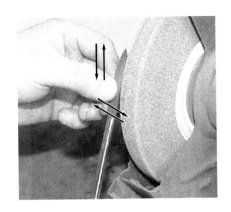

三角刮刀的三个圆弧面需用砂轮的边角进行开槽，槽要磨在两刃中间，磨时刮刀应稍作上下和左右移动，使刀刃边上只留有2~3mm的棱边。

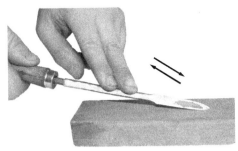

利用油石对三角刮刀进行精磨，精磨时，右手握柄，左手轻压刀刃，两刀刃同时放在油石上，精磨时顺着油石长度方向来回移动，并按弧形做上下摆动，把三个弧面全面磨光洁，刀刃磨锋利。

续照片9.15

3. 柳叶刮刀的刃磨方法

柳叶刮刀的刃磨方法可参考三角刮刀的刃磨方法。

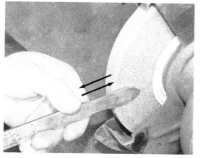

刃磨刮刀两平面，刃磨方法与平面刮刀的刃磨方法相同。

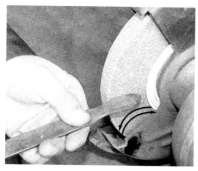

利用砂轮侧面刃磨刮刀，刃磨时，刮刀应顺着箭头方向做圆弧摆动。

利用油石精磨刮刀，刃磨时，应顺着刮刀的圆弧轮廓进行刃磨，以保证刃磨后的切削刃为光滑的过渡圆弧。

照片9.16

9.2.2　曲面刮削方法

1．刮削内曲面

内曲面的刮削方法如照片9.17所示。

2．刮削外曲面

外曲面刮削方法与平面刮削方法相同，如照片9.18所示。

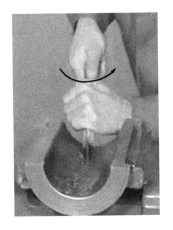

内曲面刮削时，右手握刀柄，左手掌心向下四指横握刀身，拇指抵着刀身。刮时左、右手同作圆弧运动，且顺曲面使刮刀作后拉或前推运动，刀迹与曲面轴线约呈45°夹角，且交叉进行。

照片9.17

外曲面刮削时一般都采用平面刮刀进行刮削，其刮削方法可以参考平面刮削方法。

照片9.18

9.2.3　显点方法

　　曲面刮削时，一般是以标准轴（也称为工艺轴）或与其配合的轴作为内曲面研点的校准工具，如照片9.19所示。

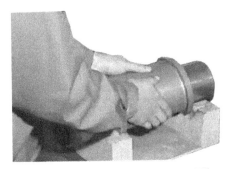

研合时将显示剂涂抹在轴的圆柱面上，用轴在内曲面中旋转显示研点，然后根据研点进行刮削。

照片9.19

内孔刮削精度的检查，也是以25mm×25mm面积内接触点数而定。

曲面刮削主要是对滑动轴承内孔的刮削，不同接触精度的研点数如表9.2所示。

表9.2 滑动轴承内孔接触精度研点数

轴承直径（mm）	机床或精密机械主轴轴承			锻压设备和通用机械的轴承		动力机械和冶金设备的轴承	
	高精度	精密	普通	重要	普通	重要	普通
	每25mm×25mm内的研点数						
≤120	25	20	16	12	8	8	5
>120		16	10	8	6	6	2

思考与练习

1．用＿＿＿＿＿＿刮除工件表面＿＿＿＿＿＿＿的加工方法叫做刮削。
2．平面刮削一般要经过＿＿＿＿＿、＿＿＿＿＿、＿＿＿＿＿＿和刮花。
3．在机械加工后留下的刮削余量不宜太大，一般为（　　　　）。
  A．0.3～0.5mm   B．0.05～0.4mm
  C．0.5～1mm
4．检查内曲面刮削质量，校准工具一般是采用与其配合的（　　　　）。
  A．孔   B．轴
  C．孔或轴
5．当工件被刮削面小于平板面时，推研中最好（　　　　）。
  A．超出平板   B．不超出平板
  C．超出或不超出平板
6．显示剂的种类有哪些？各适用于什么场合？
7．简述手刮法的动作要领。
8．简述挺刮法的动作要领。

第10章

研　磨

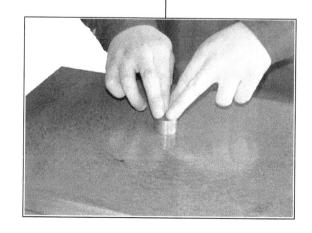

使用研磨工具和研磨剂，利用研具和被研零件之间作相对的滑动，从零件表面上研去一层极薄金属层，以提高零件的尺寸、形状精度、减小表面粗糙度值的精加工方法，称为研磨，如照片10.1所示。

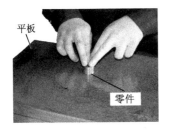

平板

零件

经过研磨加工，可以使一般机械加工所产生的形状误差得到校正，从而使零件得到准确的形状。

照片10.1

由于研磨后零件的表面粗糙度值很小，一般可达$Ra0.012 \sim 0.1\mu m$且形状准确，所以，零件的耐磨性、抗腐蚀能力和疲劳强度都相应地提高，有助于延长零件的使用寿命。

研磨加工一般应用于制作尺寸精度高、形状精度高或表面粗糙度要求高的零件。

研磨属于微量切削，每研磨一遍所能磨去的金属层一般不超过0.002mm，因此，研磨余量不能太大，一般研磨余量控制在0.005 ~ 0.030mm之间比较适宜。

10.1 研磨方法

10.1.1 平面研磨

1．研磨工具

1）通用研磨工具

平面研磨通常都采用标准平板，如图10.1所示。

2）辅助工具

（1）靠块。

狭窄平面研磨时为防止研磨平面产生倾斜或圆角，研磨时还需利用靠块，以保证研磨精度，如图10.2所示。

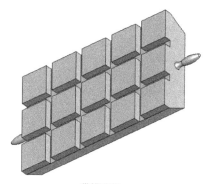

表面开槽的平板在研磨时，凹槽可以容纳过多的研磨剂，避免过多的研磨剂浮在平板上影响研磨效果，常在粗研磨加工中使用。

带槽平板

无槽平板常用于精研磨加工中。

无槽平板

图10.1

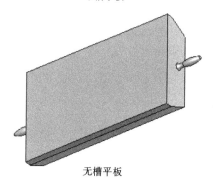

靠块

工件

平板

靠块可应用在研磨狭窄平面的场合。

图10.2

（2）C形夹头。

若研磨零件数量较多，可采用C形夹头，将几个零件夹在一起研磨，能有效防止零件倾斜，如图10.3所示。

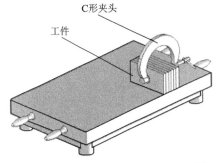

C形夹头

工件

C形夹头可应用在多个零件一起研磨的场合。

图10.3

2. 研磨方法

为了使零件达到理想的研磨效果，并保持研具的磨损均匀，研磨过程中，零件需要按一定的运动轨迹作规律性运动，根据零件的不同形状，常采用的研磨轨迹如图10.4所示。

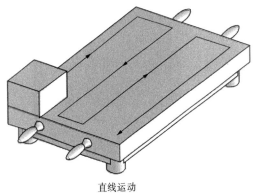

直线运动

直线运动轨迹可使零件表面研磨纹路平行，适用于狭长平面零件的研磨。

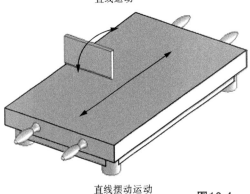

直线摆动运动

零件在左右摆动的同时作直线往复运动，适用于对平直的圆弧面零件的研磨。

图10.4

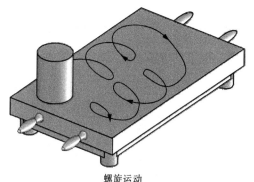

螺旋形研磨运动能使零件获得较高的平面度和很小的表面粗糙度值,适用于对圆柱零件端面进行研磨。

螺旋运动

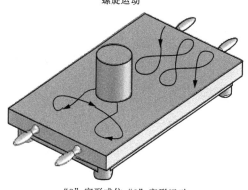

"8"字形或仿"8"字形运动轨迹,能使研具与零件间的研磨表面保持均匀接触,既提高零件的研磨质量,又能使研具磨损均匀,常用于研磨平板的修整或小平面零件的研磨。

"8"字形或仿"8"字形运动

续图10.4

10.1.2　圆柱面研磨

1. 外圆柱面研磨

1)研磨工具

外圆柱面研磨时采用研磨环作为主要研具,如图10.5所示。

2)研磨方法

外圆柱面的研磨方法如图10.6所示。当研磨零件较短时,用三爪卡盘夹持;研磨零件较长时,可在后端用顶尖支承。

研磨时应注意研磨环不得在某一段上停留,而且需要经常作断续的转动,用以消除因重力作用可能造成的椭圆。

零件的旋转速度应以零件的直径来控制,当直径小于80mm时,机床转速约为100r/min;当直径大于100mm时,转速约为50r/min。

研磨环在零件上的往复移动速度根据零件表面出现的网纹来控制,如图10.7所示。

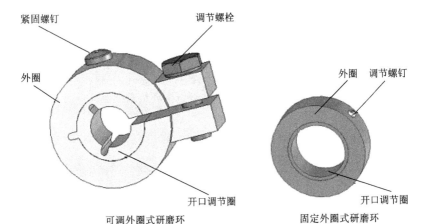

可调外圈式研磨环　　　　固定外圈式研磨环

研磨环的内径应比零件的外径略大0.025~0.05mm，当研磨一段时间后，若研磨环内孔磨大，拧紧调节螺钉，可使孔径缩小，以达到所需的间隙。

图10.5

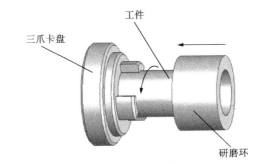

研磨较短的零件

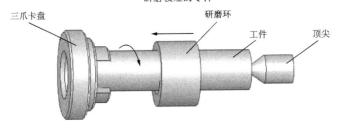

研磨较长的零件

研磨时，先在零件表面上均匀地涂上研磨剂，套上研磨环并调整好间隙（其松紧程度应以用力能转动为宜），然后开动机床带动零件旋转。用手推动研磨环，使研磨环在零件转动的同时沿轴线方向作往复运动。

图10.6

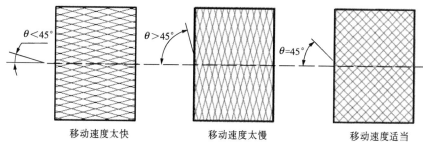

$\theta < 45°$	$\theta > 45°$	$\theta = 45°$
移动速度太快	移动速度太慢	移动速度适当

研磨环在零件上的往复移动速度根据零件表面出现的网纹来控制,研磨环的移动速度不论太慢或太快,都会影响零件的精度和表面粗糙度。

图10.7

2. 内圆柱面研磨

1) 研磨工具

内圆柱面研磨时采用的研具主要是研磨棒,根据其结构的不同,常用研磨棒主要分为光滑固定式研磨棒、带槽固定式研磨棒和可调式研磨棒,如图10.8所示。

光滑固定式研磨棒

固定式研磨棒制造容易,但磨损后无法补偿,多用于单件研磨或机修中,光滑的研磨棒用于精研磨。

带槽固定式研磨棒

带槽固定式研磨棒在研磨时,凹槽可以容纳过多的研磨剂,避免过多的研磨剂浮在平板上影响研磨效果,常在粗研磨加工中使用。

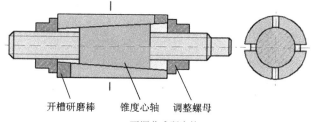

开槽研磨棒　　锥度心轴　　调整螺母

可调节式研磨棒

可调式研磨棒因为能在一定的尺寸范围内进行调节,适用于成批生产,其使用寿命较长,应用较广泛。

图10.8

2）研磨方法

研磨内圆柱面与研磨外圆柱面的方法基本相同，如图10.9所示。只是将研磨棒夹持在三爪卡盘上，然后将零件的圆柱孔套在研磨棒上进行研磨。

研磨时，研磨棒的外径与零件内孔配合应适当，配合太紧，容易将孔表面拉毛；配合太松，孔会被研磨成椭圆形。

采用固定式研磨棒时，研磨棒外径应比零件内孔直径小0.01～0.025mm；采用可调式研磨棒时，配合松紧程度一般以手推研磨棒时不十分费力为宜。

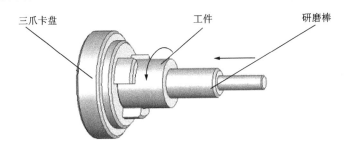

将研磨工件夹持在三爪卡盘上，然后将研磨棒配入工件内孔中作直线往复研磨。

图10.9

研磨时，如零件两端孔口有过多的研磨剂被挤出时，应及时擦去，否则会使孔口扩大，研成喇叭口形状。研磨棒的工作长度应大于零件内孔的长度，一般是零件内孔长度的1.5～2倍，太长会影响研磨精度。

10.2 常用磨料介绍

磨料在研磨过程中起主要的切削作用，研磨工作的效率、零件的精度以及表面粗糙度精度都与磨料有着密切的关系。磨料的种类很多，使用时应根据零件材料和加工要求合理选择。常用磨料的代号、特性和用途如表10.1所示。

表10.1 常用磨料

系 列	名 称	代 号	特 性	用 途
氧化物	棕刚玉	A	棕褐色，硬度高，韧性好，价格便宜	用于粗、静研磨钢、铸铁、铜合金
	白刚玉	WA	白色，硬度比棕刚玉高，韧性比棕刚玉差	精研磨淬火钢、高速钢和薄壁零件
	铬刚玉	PA	玫瑰红或紫红色，韧性比白刚玉高，研磨表面质量好	研磨量具、仪表零件和高精度零件
	单晶刚玉	SA	淡黄色或白色，硬度和韧性都比白刚玉高	研磨不锈钢、高钒高速钢等强度高、韧性好的材料
碳化物	黑碳化硅	C	黑色有光泽，硬度比白刚玉高，性脆而锋利，导热性和导电性好	研磨铸铁、铜合金、铝合金和非金属材料
	绿碳化硅	GC	绿色，硬度和脆性比黑碳化硅高，具有良好的导热性和导电性	研磨硬质合金、硬铬、宝石、陶瓷、玻璃等材料
	碳化硼	BC	灰黑色，硬度仅次于金刚石，耐磨性好	精研磨和抛光硬质合金、人造宝石等硬质材料
金刚石	人造金刚石	JR	淡黄色、黄绿色或黑色，硬度高，比天然金刚石略脆，表面粗糙	粗、精研磨硬质合金、人造宝石、单晶硅等高硬度脆性材料
	天然金刚石	JT	无色透明或淡黄色，硬度最高，价格昂贵	
其 他	氧化铁		红色至暗红色，比氧化铬软	精研磨或抛光钢、铁、玻璃等材料
	氧化铬		深绿色	

10.3 常用研具材料介绍

研具是用于涂敷或嵌入磨料并使磨粒发挥切削作用的工具。

研具材料应满足如下技术要求：材料的组织要细致均匀，要有很高的稳定性和耐磨性，具有较好的嵌存磨粒的性能，工作面的硬度应比零件表面硬度稍软。

常用的研具材料有如下几种。

1. 灰铸铁

具有较好的润滑性，磨损较慢，硬度适中，研磨剂在其表面容易涂布均匀，是一种研磨效果较好，价格便宜的研具材料，在生产中应用广泛。

2．球墨铸铁

球墨铸铁比一般的灰口铸铁更容易嵌存磨料，而且更均匀、牢固，同时还能增加研具的耐用度。采用球墨铸铁制作研具已得到广泛应用，尤其用于精密零件的研磨。

3．低碳钢

具有较好的韧性，不易折断，常用来制作小型的研具，如研磨M5以下的螺纹孔、直径小于ϕ8mm的孔以及较窄的凹槽等。

4．铜

性质较软，表面容易嵌存磨料，适于制作研磨软钢类零件的研具。

思考与练习

1．研磨是微量切削，研磨余量不宜太大，一般研磨量在____之间比较适宜。

2．常用的研具材料有灰口铸铁、_____、_____和_____。

3．一般平面研磨，工件沿平板全部表面以_____形、_____形和_____形运动轨迹进行研磨。

4．研磨孔径时，有槽的研磨棒用于（　　）。

    A．精研磨　　　　　　　　B．粗研磨

    C．去除研磨废料与毛刺　　D．不可用于研磨

5．在车床上研磨外圆柱面，当出现与轴线小于45°交叉网纹时，说明研磨环的往复运动速度（　　）。

    A．太快　　　　　　　　　B．太慢

    C．适中

6．（　　）用于粗、精研磨硬质合金、人造宝石、单晶硅等高硬度脆性材料。

    A．白刚玉　　　　　　　　B．黑碳化硅

    C．人造金刚石　　　　　　D．氧化铁

7．（　　）研磨运动轨迹用于研磨平板的修整或小平面工件的研磨。

    A．螺旋形运动轨迹　　　　B．"8"字形运动轨迹

    C．仿"8"字形运动轨迹　　D．（B）和（C）

第11章

手工矫正

消除金属材料或制件的弯曲、翘曲、凸凹不平等缺陷的加工方法称为矫正，如照片11.1所示。

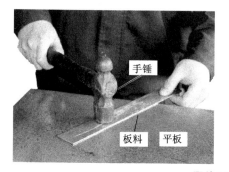

矫正是针对塑性材料而言的，塑性材料在受到外力的作用下，产生塑性变形（无法随载荷的去除而消失的变形），矫正的实质就是使这些材料产生新的塑性变形以抵消原有的不平、不直或翘曲等变形。

照片11.1

11.1 手工矫正工具

11.1.1 基准工具

1．平板或铁砧

平板、铁砧都是手工矫正时的基座，主要为板材或型材提供平面基准，如照片11.2所示。

平 板　　　　　　　铁 砧

照片11.2

2．V形架

V形架主要用来矫正棒料零件，通常V形架为两个一组，且V形的中心等高，如照片11.3所示。

照片11.3

11.1.2 矫正工具

1. 钳工手锤

钳工手锤的锤头为金属锤头，质地较硬，常用来矫正表面未加工的金属坯料，如照片11.4所示。

2. 软手锤

矫正已加工过的表面、薄钢板或有色金属制件时，应使用铜锤、木锤、橡皮锤等软手锤，如照片11.5所示。

照片11.4

铜锤　　　　　　　木锤　　　　　　　橡皮锤

照片11.5

3. 抽 条

抽条是采用条状薄板料制作而成的简易手工工具，主要用于抽打面积较大的板料，如照片11.6所示。

4. 压力工具

压力工具主要用于矫正轴类零件，如照片11.7所示。

握把

拍条

照片11.6

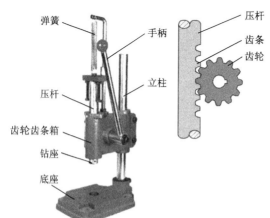

弹簧

手柄

压杆

立柱

压杆

齿条

齿轮

齿轮齿条箱

钻座

底座

压杆中部加工有齿条，当向
下转动手柄时，会带动齿轮
旋转，同时带动齿条向下移
动，此时，即可完成压紧工
作。当松开手柄时，在弹簧
的作用下，压杆自动复位。

照片11.7

11.2 手工矫正方法

11.2.1 延展法

金属薄板产生中部凹凸、边缘呈波浪形、对角翘曲或微小扭曲等
变形时，可以采用延展法进行矫正。

1. 矫正薄板中部凹凸变形

薄板中部产生凹凸，主要是由于薄板变形后中部材料变薄引起
的，如照片11.8所示。

中部产生凹凸

照片11.8

矫正薄板中部凹凸变形的方法如照片11.9所示。

如果薄板表面有相邻几处凸起，应先在凸起的交界处轻轻锤击，

矫正时，应锤击板料的边缘，使薄板边缘材料延展变薄，厚度与中部凸起部位的厚度越接近，则薄板越趋于平整。

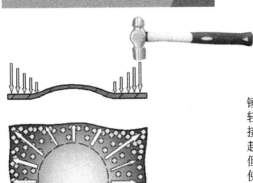

锤击时，应由里向外逐渐由轻到重，由稀到密。如果直接锤击凸起部位，则会使凸起的部位变得更薄，这样不但达不到矫正的目的，反而使凸起变得更为严重。

照片11.9

使几处凸起合并成一处，然后再锤击四周而矫平。

2. 矫正薄板边缘呈波浪形变形

薄板边缘呈波浪形主要是由于薄板四周材料变薄引起的，如图11.1所示。

矫正薄板边缘呈波浪形变形的方法如图11.2所示。

3. 矫正薄板对角翘曲变形

薄板对角翘曲是由于翘曲部分材料变薄引起的，如图11.3所示。

矫正薄板对角翘曲变形的方法如图11.4所示。

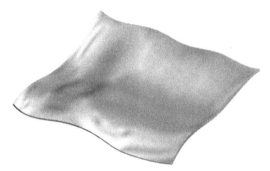

薄板四周材料变薄是薄板边缘呈波浪形的主要原因。

图11.1

矫正时，锤击点应从中间向四周，锤击密度逐渐由密到稀，锤击力量逐渐由重变轻，从而使薄板材料达到平整。

图11.2

翘曲部分材料变薄是导致薄板对角翘曲的主要原因。

图11.3

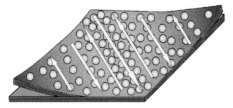

薄板发生对角翘曲变形后，矫正时需要沿着未发生翘曲变形部分材料的对角线进行锤击，使这部分材料产生延展，从而使薄板逐渐达到平整。

图11.4

4．矫正薄板有微小扭曲变形

薄板有微小扭曲变形时，可以采用抽条抽打薄板表面进行矫正，如照片11.10所示。

抽条与薄板接触面积较大，受力均匀，薄板容易达到平整。

照片11.10

11.2.2　扭转法

当条料产生扭曲变形时，常采用扭转法进行矫正，如照片11.11所示。

矫正时，一般将条料夹持在台虎钳上，使用扳手把条料扭转到所需的形状。

照片11.11

11.2.3　伸张法

　　伸张法主要用来矫正各种细长的线材，如照片11.12所示。伸张法矫正线材的操作方法如照片11.13所示。

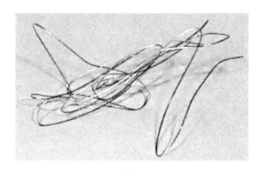

照片11.12

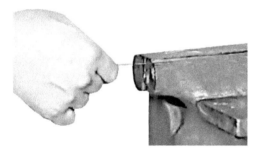

矫正时，将线材的一端夹持在台虎钳上。

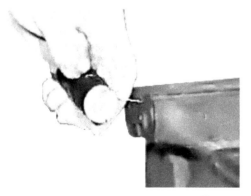

自台虎钳固定端处开始，将线材绕圆木一周。

照片11.13

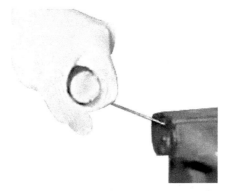

紧捏圆木向后拉，使线材在拉力作用下经圆木得到伸长矫直。

续照片11.13

11.2.4 弯形法

弯形法是用来矫正各种弯曲的棒料或在宽度方向有弯曲变形的条料，如图11.5所示。

棒　料

条　料

图11.5

对于直径较小的棒料或截面尺寸不大的条料，其矫正方法如照片11.14所示。

直接将棒料或条料放置在矫正平板上，用手锤进行锤击矫正。

照片11.14

对于直径较大的棒料或截面尺寸较大的条料，其矫正方法如图11.6所示。

矫正前，先将待矫正的棒料架在两块等高的V形架上。

转动棒料，利用百分表测量出棒料误差的最高点处，并在最高点处用粉笔或记号笔做好记号。

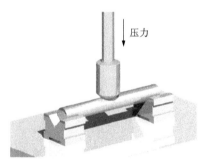

扳动压力工具手柄，使压块压住棒料误差最高点处进行矫正，为了消除因弹性变形所产生的回弹，可适当压过一些，然后保持一定的时间，最后用百分表检查轴的矫正情况，边矫正，边检查，直至符合要求。

图11.6

1. 什么样的材料才能进行矫正？矫正的实质是什么？

2. 手工矫正时，矫正薄板采用____法，矫正条料采用_____法，矫正棒料采用____法，矫正线材采用_____法。

3. 如何矫正中间凹凸变形的薄板？

4. 如何矫正四周呈波浪形变形的薄板？

5. 如何矫正对角翘曲变形的薄板？

6. 如何矫正细长的线材？

7. 如何矫正弯曲的棒料？

第12章

手工弯形

将坯料弯成所需形状的加工方法称为弯形，如照片12.1所示。

只有塑性材料才能进行弯形，弯形的过程，其实就是对塑性材料施加作用力，使材料按需要产生塑性变形，以获得所需技术要求的过程。

照片12.1

12.1 确定弯形坯料尺寸

塑性材料弯形后，材料的弯形部分被分为三层，分别是外层、内层和中性层，如图12.1所示。

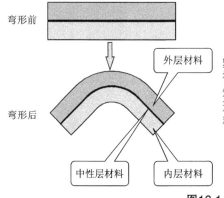

弯形前

弯形后

外层材料

中性层材料　内层材料

塑性材料弯形后，外层材料受拉力被伸长，内层材料受压缩力被缩短，而中间有一层材料的长度在弯形前后都不发生变化，这一层材料称为中性层。

图12.1

工件弯形后，只有中性层长度不变，因此计算弯形零件坯料长度尺寸时，可以按中性层的长度进行计算。

注意，材料弯形后，中性层一般不在材料的正中，而是偏向内层材料一边。实验证明，中性层的实际位置与材料的内层弯形半径r和材料厚度t有关，如图12.2所示。

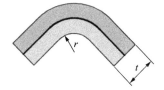

当材料厚度不变时，弯形半径越大，变形越小，中性层位置愈接近材料厚度的几何中心。当材料弯形半径不变，材料厚度越小，变形愈小，中性层就愈接近材料厚度的几何中心。

图12.2

在不同的弯形情况下，中性层的位置是不同的。中性层位置系数以X_0表示，如表12.1所示。

表12.1　弯形中性层位置系数X_0

r/t	0.25	0.5	0.8	1	2	3	4	5	6	7	8	10	12	14	≥16
X_0	0.2	0.25	0.3	0.35	0.37	0.4	0.41	0.43	0.44	0.45	0.46	0.47	0.48	0.49	0.5

从表中r/t比值可知，当内弯形半径$r \geqslant 16t$时，中性层在材料中间，即中性层与几何中心重合。

12.1.1　内边带圆弧的零件毛坯长度尺寸计算

内边带圆弧的零件，其弯形毛坯长度尺寸等于制件未弯形部分（直杆部分）长度尺寸和弯形部分（圆弧部分）中性层长度尺寸之和，如图12.3所示。

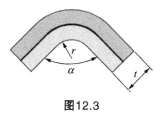

图12.3

弯形部分中性层长度尺寸可按下列公式计算：

$$A=\pi\,(r+X_0t)\frac{\alpha}{180°} \tag{12.1}$$

式中，A为弯形部分中性层长度，单位为mm；π为圆周率，一般取值3.14；r为弯形内层半径，单位为mm；t为材料厚度，单位为mm；X_0为弯形中性层位置系数；α为弯形中心角，单位为度（°）。

例题1：已知图12.4所示制件，弯形角$\alpha = 120°$，弯形内层半径$r = 16\text{mm}$，材料厚度$t = 4\text{mm}$，边长$L_1 = 50\text{mm}$、$L_2 = 100\text{mm}$，求毛坯总长度L。

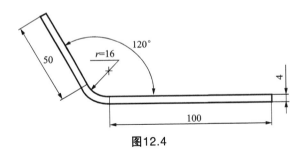

图12.4

解：

$$\frac{r}{t} = \frac{16}{4} = 4 \text{，查表12.1得：} X_0 = 0.41$$

$$A = \pi(r + X_0 t)\frac{\alpha}{180°}$$

$$= 3.14 \times (16 + 0.41 \times 4) \times \frac{120°}{180°}$$

$$= 36.93(\text{mm})$$

$$L = L_1 + L_2 + A$$

$$= 50 + 100 + 36.93$$

$$= 186.93(\text{mm})$$

毛坯总长度为186.93mm。

12.1.2　内边不带圆弧的直角零件毛坯长度尺寸计算

内边弯形成直角不带圆弧的制件时，毛坯长度尺寸可按弯形前后毛坯体积不变的原理计算，如图12.5所示。

弯形部分长度尺寸按下列经验公式计算：

$$A = 0.5t \tag{12.2}$$

例题2：如图12.6所示零件，已知$L_1 = 55\text{mm}$，$L_2 = 80\text{mm}$，$t = 3\text{mm}$，求毛坯长度。

解：

$$A = 0.5t = 0.5 \times 3 = 1.5(\text{mm})$$

$$L = L_1 + L_2 + A = 55 + 80 + 1.5 = 136.5(\text{mm})$$

毛坯长度为136.5mm。

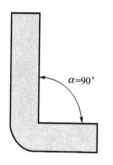

$\alpha=90°$

内边弯形成直角不带圆弧的制件时，毛坯长度尺寸可按弯形前后毛坯体积不变的原理计算。

图12.5

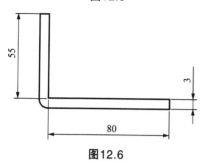

55

3

80

图12.6

12.2 手工弯形方法

12.2.1 板料弯形

1. 沿板料厚度方向弯形

尺寸较小的板料在厚度方向弯形时，可先在弯形部位划线，并根据所划出的线条将板料夹持在台虎钳上，使弯形线和钳口平齐，在接近划线处用木锤锤击或用木垫垫住，再用手锤敲击垫块，使板料发生变形弯曲，如图12.7所示。

如果板料的弯形部分较长，无法在台虎钳上夹持时，可采用自制的加长压板夹持板料，以便进行板料弯形操作，如照片12.2所示。

2. 沿板料宽度方向弯形

当板料弯形弧度较小时，可以利用金属材料的延伸性，在材料的外层弯形部分进行锤击，使材料沿一个方向延伸，达到弯形的目的，如图12.8所示。

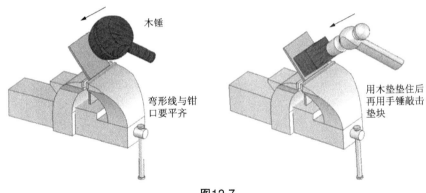

木锤

弯形线与钳口要平齐

用木垫垫住后再用手锤敲击垫块

图12.7

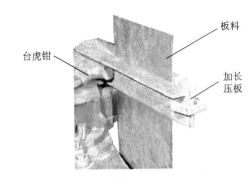

台虎钳

板料

加长压板

照片12.2

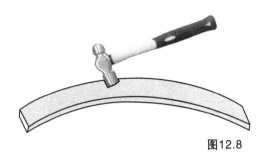

弯形时，使用手锤锤击板料外层，此时，板料外层材料厚度变薄，通过延展变形，使外层材料伸长，达到弯形的目的。

图12.8

　　当板料弯形弧度较大时，可将板料放置在V形架上，使用圆钢进行锤击，使板料变形弯曲，如图12.9所示。

3．弯形圆环

　　弯形圆环时，可选择与所弯圆环直径相同（或略小）的圆钢作为整形模，将板料放在圆钢表面上进行敲击，使板料沿圆钢表面产生变形弯曲，如照片12.3所示。

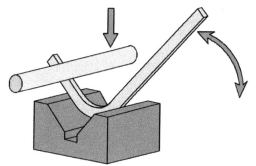

当板料弯形弧度较大时，可将板料放置在V形架上，使用圆钢进行锤击，可使板料变形弯曲。

图12.9

弯形圆环时，先选择与所弯圆环直径相同（或略小）的圆钢作为整形模，然后将板料放在圆钢表面上进行敲击，使板料沿圆钢表面产生变形弯曲。

照片12.3

12.2.2　管子弯形

1．无缝管子弯形

无缝管子弯形前，必须在管子内灌满填充材料（如细沙），两端用木塞塞紧，如图12.10所示。

管子弯形时，可以利用弯形工具进行弯形操作，如图12.11所示。弯形工具上的转盘和靠铁侧面加工有圆弧槽，且可以根据弯形管子的直径大小不同进行更换。

2．有缝管子弯形

对于有焊缝的管子，弯形时必须将焊缝放在中性层的位置上，以免弯形时焊缝开裂，如图12.12所示。

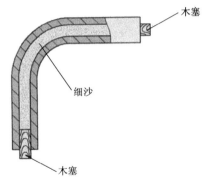

木塞

细沙

木塞

图12.10

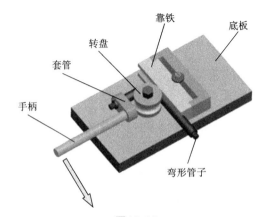

靠铁

底板

转盘

套管

手柄

弯形管子

图12.11

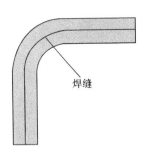

焊缝

弯形时，必须将有焊缝的管子
的焊缝放在中性层位置上。

图12.12

12.2.3　弯形注意事项

（1）金属材料弯形时，弯形半径不宜过小，否则，外层材料变形过大，容易使金属材料产生开裂现象。一般弯形最小半径控制在材料厚度的2倍范围之内。

（2）金属材料弯形时，由于弹性变形的存在，弯形后的零件会产生回弹现象，为避免回弹造成零件精度下降，可在零件的弯形过程中略多弯一些，以抵消零件的回弹。

（3）当金属材料厚度（或直径）较大，以及弯形半径较小时，需在材料弯形部分进行加热，使材料塑性增强后才可进行弯形，如照片12.4所示，否则容易出现材料开裂现象。一般厚度大于5mm、直径大于12mm的金属材料都需要加热弯形。

当金属材料的厚度（或直径）较大，以及弯形半径较小时，需在材料弯形部分进行加热，使材料塑性增强后才可进行弯形。

用乙炔枪对金属材料进行局部加热

照片12.4

思考与练习

1. 材料弯形后，外层受拉力（　　　）。
   A．伸长
   B．缩短
   C．长度不变
2. 弯形有焊缝的管子时，焊缝必须放在其（　　　）的位置。
   A．弯形外层
   B．弯形内层
   C．中性层

3. 弯形后中性层的位置在哪里？中性层位置与哪些因素有关？
4. 计算如图12.13所示零件的展开长度。
5. 计算如图12.14所示零件的展开长度。

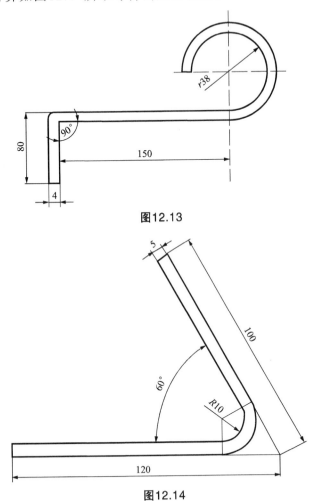

图12.13

图12.14

第 13章

装　配

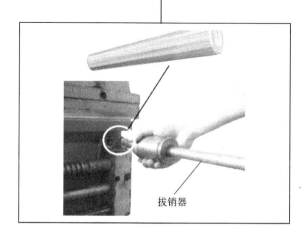

拔销器

按规定的技术要求，将若干零件组合成部件或若干个零件和部件组合成机器的过程称为装配，如图13.1所示。

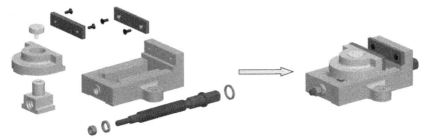

将平口钳中各个零件按照技术要求组合成合格的平口钳，这个过程就是装配过程。

图13.1

机器一般都是由零件和部件组成的，如图13.2所示。零件是构成机器的最小单元；部件是两个或两个以上零件组合成机器的某个部分，部件是个通称，直接进入产品总装配的部件称为组件；直接进入组件装配的部件称为一级分组件；直接进入一级分组件装配的部件称为二级分组件；以此类推。

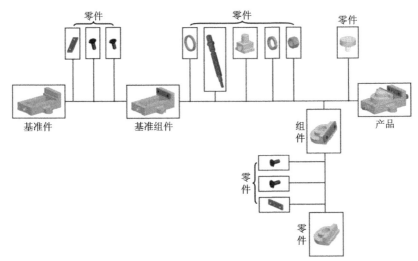

最先进入装配的零件称为基准件，而最先进入装配的组件则称为基准组件。

图13.2

13.1 常用装配工具

13.1.1 螺钉旋具

螺钉旋具的工作部分常采用碳素工具钢制成，并经淬火处理，常用的螺钉旋具有：一字槽螺钉旋具、十字槽螺钉旋具、弯头螺钉旋具、棘轮螺钉旋具等，如照片13.1所示。

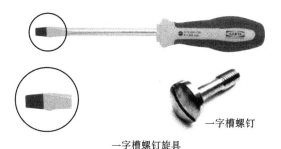

一字槽螺钉旋具主要用来旋紧或松开一字槽螺钉，使用时，应根据螺钉沟槽的宽度选用相适应的螺钉旋具。

一字槽螺钉

一字槽螺钉旋具

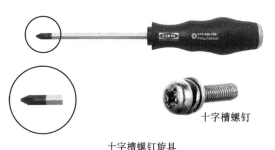

十字槽螺钉旋具主要用来旋紧或松开头部带十字槽的螺钉，其优点是旋具不易从十字槽中滑出。

十字槽螺钉

十字槽螺钉旋具

弯头螺钉旋具的两端各有一个刃口，它适用于螺钉头部空间受到限制的装拆场合。

弯头螺钉旋具

照片13.1

棘轮螺钉旋具在工作时，通过内部的棘轮机构，使螺钉旋具反复转动，实现快速旋紧或松开螺钉，提高装拆速度。

棘轮螺钉旋具

续照片13.1

13.1.2 扳 手

扳手是用来旋紧各种螺栓、螺母，常用工具钢、合金钢或可锻铸铁制成，通常分为通用扳手、专用扳手和特殊扳手三大类。

1. 通用扳手

通用扳手也称为活络扳手，如照片13.2所示。

活络扳手的开口宽度可以在一定范围内调节，在装拆非标准规格的螺母和螺栓时能发挥更好的作用，应用广泛。

活络扳手

照片13.2

使用活络扳手时，应让其固定钳口承受主要作用力，否则容易损坏扳手，如照片13.3所示。

固定钳口

活动钳口

注意，使用时应让活络扳手的固定钳口承受主要作用力，否则容易损坏扳手。

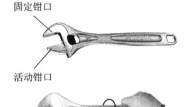

☺使用方法正确

☹使用方法错误

照片13.3

2. 专用扳手

常用的专用扳手主要有开口扳手、整体扳手、套筒扳手、内六角扳手等，如照片13.4所示。

开口扳手

开口扳手主要用于装拆一般标准规格的螺母和螺栓，它的开口尺寸与螺母或螺栓的对边间距尺寸相对应，并根据标准尺寸制作成一套，使用方便，稳定性较好。

整体扳手

整体扳手的用途与开口扳手相同，一般两端制作成整体12边形，装拆螺母或螺栓时，可以产生较大的扭转力矩，工作可靠，不易滑脱，适用于旋转空间狭小的场合。

套筒扳手

套筒扳手除了具有一般扳手的用途外，特别适合用于旋转部位很狭小或隐蔽较深处的螺母和螺栓的装拆，由于套筒扳手各种规格是组装成套的，所以使用方便。

内六角扳手

内六角扳手主要用于装拆内六角螺栓，成套的内六角扳手，可以装拆M4～M30的内六角螺栓。

照片13.4

3. 特种扳手

常用的特种扳手有棘轮扳手、气动扳手等，如照片13.5所示。

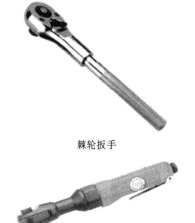

棘轮扳手

气动扳手

特种扳手根据某些特殊要求进行制造，装拆过程中使用特种扳手可以极大提高装拆效率和装配质量，特种扳手在使用时往往与套筒扳手要配合使用。

照片13.5

13.2 常见固定连接的装配方法

13.2.1 普通螺纹连接装配

普通螺纹连接是一种可拆的固定连接，它具有结构简单、连接可靠、装拆方便等优点，在机械中应用广泛。常见的普通螺纹连接的基本类型有螺栓连接、双头螺柱连接、螺钉连接、紧定螺钉连接等，如图13.3所示。

1. 普通螺纹连接装配工艺

1）普通螺纹连接装配时的预紧力控制

普通螺纹连接装配时，预紧力的控制方法常用控制扭矩法、控制螺母扭角法和控制螺栓伸长法，如图13.4所示。

2）双头螺柱装配要点

（1）双头螺柱装配时，应保证螺柱与机体螺纹的配合有足够的紧固性，保证在装拆螺母的过程中，无任何松动现象，如图13.5所示。

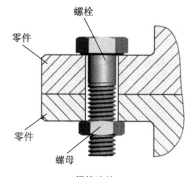

螺栓

零件

零件

螺母

螺栓连接

不用在连接零件上加工螺纹孔，连接件不受材料限制。主要用于连接件不太厚，且能从两边进行装配的场合。

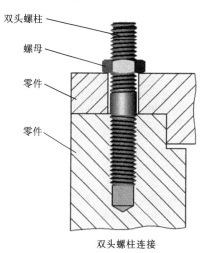

双头螺柱

螺母

零件

零件

双头螺柱连接

拆卸时只需要旋下螺母，螺柱仍留在连接件螺纹孔内，所以螺纹孔不易损坏。主要用于连接件较厚而又需要经常装拆的场合。

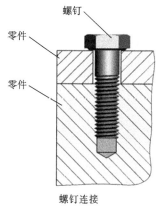

螺钉

零件

零件

螺钉连接

主要用于连接件较厚，或结构上受到限制，不能采用螺栓连接，且不需经常装拆的场合。

图13.3

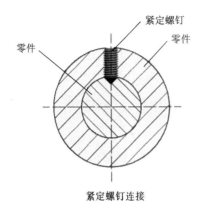

紧定螺钉

零件

零件

紧定螺钉连接

紧定螺钉的末端顶住其中一连接件的表面或进入该零件上相应的凹坑中，以固定两零件的相对位置。多用于轴与轴上零件的连接，传递不大的力或扭矩。

续图13.3

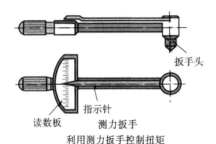

扳手头

读数板

指示针

测力扳手

利用测力扳手控制扭矩

使用测力扳手使预紧力达到规定值，测力扳手工作时，由于扳手杆和刻度板一起向旋转的方向弯曲，因此指针可以在刻度板上指出当前拧紧力矩的大小。

定扭角扳手

利用定扭角扳手控制螺母扭角

使用定扭角扳手通过控制螺母拧紧时应转过的角度来控制预紧力。

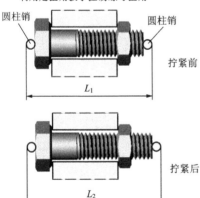

圆柱销

圆柱销

拧紧前

L_1

拧紧后

L_2

通过控制螺栓伸长量来控制预紧力

螺母拧紧前，螺栓长度为L_1，按预紧力要求拧紧后，螺栓长度为L_2，通过测量L_1和L_2便可以确定拧紧力矩是否合适。

图13.4

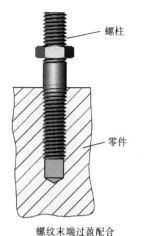

将螺柱末端最后几圈螺纹做浅些，使螺柱末端与螺纹孔配合具有一定的过盈量，达到紧固配合的目的。

螺纹末端过盈配合

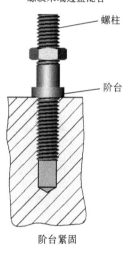

利用螺柱上的阶台，使螺柱紧固在机体上。

阶台紧固

图13.5

（2）双头螺柱装配时，其轴心线必须与机体表面垂直，如图13.6所示。同时，需要在配合处加入适量润滑油，以免旋入时产生咬合现象，也可便于以后的拆卸。

（3）拧紧双头螺柱的常用方法有双螺母拧紧、长螺母拧紧和专用工具拧紧等，如图13.7所示。

3）螺母和螺钉的装配要点

螺母和螺钉装配除了要保证一定的拧紧力矩外，应注意以下几点。

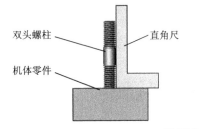

双头螺柱

直角尺

机体零件

装配时，利用直角尺检查双头螺柱的轴心线与机体零件表面的垂直情况。

图13.6

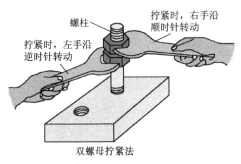

螺柱

拧紧时，右手沿顺时针转动

拧紧时，左手沿逆时针转动

双螺母拧紧法

将两个螺母相互锁紧在双头螺柱上，然后，扳动上面的一个螺母，即可把双头螺柱旋入螺纹孔中。

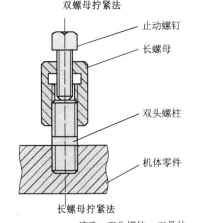

止动螺钉

长螺母

双头螺柱

机体零件

长螺母拧紧法

用止动螺钉阻止长螺母与双头螺柱之间的相对转动，然后扳动长螺母，即可旋紧双头螺柱。松开止动螺钉，即可拆掉长螺母。

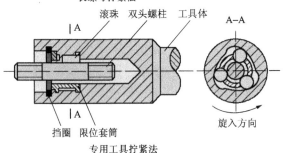

滚珠 双头螺柱 工具体

A

A

A–A

挡圈 限位套筒

旋入方向

专用工具拧紧法

使用专用工具拧紧双头螺柱，操作简单，螺柱套入工具体后，随着工具体的旋转，螺柱被自动夹紧，可有效避免双头螺柱装配时因受力不匀而产生变形。

图13.7

（1）螺杆不产生弯曲变形，螺钉头部、螺母底部应与连接件接触良好。

（2）被连接件应均匀受压，互相紧密贴合，连接牢固。

（3）成组螺栓或螺母拧紧时，应根据被连接件的形状和螺栓、螺母的分布情况，按一定的顺序逐次拧紧，如图13.8所示。

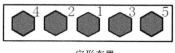

一字形布置

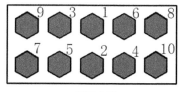

平形布置

长方形布置

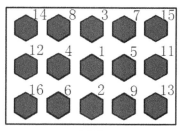

多排布置

在拧紧长方形布置的成组螺母时，应从中间开始，逐步向两边对称地扩展。

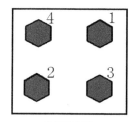

方框形布置

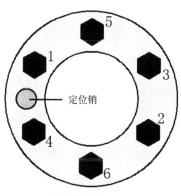

圆环形布置

在拧紧圆环形或方框形布置的成组螺母时，必须对称地进行（如有定位销，应从靠近定位销的螺栓开始拧紧），以防止螺栓受力不一致，甚至变形。

图13.8

4）安装放松装置

螺纹连接用于有震动或冲击场合时，会发生松动，此时，必须安装可靠的防松装置。常用的螺纹防松装置有附加摩擦力防松装置和机械方法防松装置。

（1）附加摩擦力防松装置。

常用附加摩擦力防松装置有锁紧螺母防松和弹簧垫圈防松，如图13.9所示。

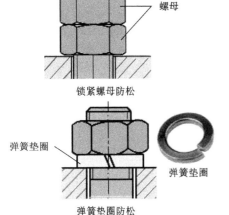

螺母

锁紧螺母防松

弹簧垫圈

弹簧垫圈

弹簧垫圈防松

锁紧螺母防松也称为双螺母防松，防松装置采用两个螺母，会增加结构尺寸和重量，一般用于低速重载或较平稳的场合。

弹簧垫圈防松装置结构简单，防松可靠，但弹簧垫圈容易刮伤螺母和被连接件表面，同时由于弹性力分布不均匀，螺母容易变形，一般应用于不经常装拆的场合。

图13.9

（2）机械方法防松装置。

常用机械方法防松装置有开口销与带槽螺母防松、止动垫圈防松、串联钢丝防松，如图13.10所示。

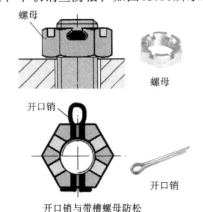

螺母

螺母

开口销

开口销

开口销与带槽螺母防松

防松可靠，但螺杆上销孔位置不易与螺母最佳锁紧位置的槽口相吻合，多用于有变载和震动的场合。

图13.10

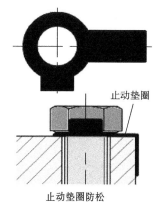

防松可靠，但螺杆上需要加工容纳止动垫圈内口的凹槽，强度会有所削弱，一般用于震动较小或冲击压力较小的场合。

止动垫圈

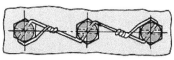

止动垫圈防松

右旋螺栓

这种防松装置以钢丝的牵制作用来防止螺纹松动，适用于布置较紧凑的成组螺纹连接，串制钢丝时，需要注意钢丝的穿绕方向。图中左侧串联方法可以限制螺母逆时针旋转(松开方向)；右侧串联方法无法限制螺母逆时针旋转(松开方向)。

☺串联方向正确　　☹串联方向错误

续图13.10

13.2.2　键连接装配

　　键主要是用来连接轴和轴上零件，同时用来传递扭矩的一种机械零件，如图13.11所示。

1．松键连接装配

　　松键连接主要依靠键的侧面来传递扭矩，只能对轴上零件作周向固定，而不能承受轴向力。松键连接能保证轴与轴上零件具有较高的同轴度，在高速精密连接中应用较多。

　　松键连接常见的连接形式有普通平键连接、半圆键连接、导向平键连接和滑键连接等，如图13.12所示。

　　松键连接装配时，应注意以下几点。

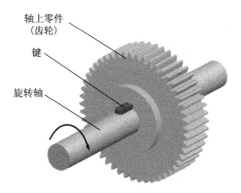

图13.11

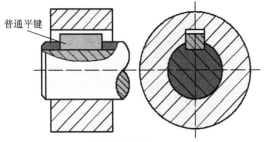

应用广泛，常用于高精度、传递重载荷、冲击及双向扭矩的场合。

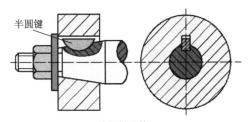

键在轴槽中能绕槽底圆弧曲率中心摆动，装拆方便，但因键槽较深，使轴的强度降低。一般用于轻载，常用于轴的锥形端部。

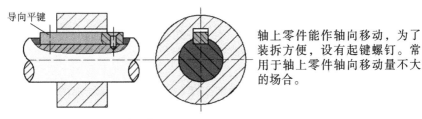

轴上零件能作轴向移动，为了装拆方便，设有起键螺钉。常用于轴上零件轴向移动量不大的场合。

图13.12

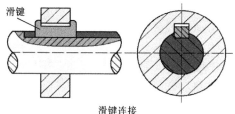

滑键

滑键连接

键与轴槽为间隙配合，轴上零件能带键作轴向移动。主要应用于轴上零件轴向移动量较大的场合。

续图13.12

（1）清理键及键槽上的毛刺，以防配合后产生过大的过盈量而破坏配合的正确性。

（2）对于重要的键连接，装配前应检查键的直线度和键槽相对于轴心线的对称度及平行度等误差。

（3）用键的头部与轴槽试配，普通平键和导向平键应能较紧地嵌在键槽中。

（4）锉配键长时，在键长方向上键与键槽应留有0.01mm左右的间隙。

（5）在配合面上加入适量机油，用铜棒敲击装配至键槽中，并保证键与键槽底部接触良好。

（6）试配并安装轴上零件时，键与键槽的非配合面应留有间隙，以确保轴与轴上零件有较好的同轴度要求，装配后的轴上零件不能在轴上左右摆动，否则，容易引起冲击和震动。

2. **紧键连接装配**

紧键连接主要指楔键连接。楔键连接分为普通楔键连接和钩头楔键连接两种，如图13.13所示。

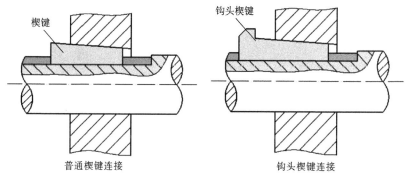

楔键

钩头楔键

普通楔键连接

钩头楔键连接

图13.13

楔键的上下两面是工作表面，键的上表面配合为1：100的斜面配合，键的侧面与键槽留有一定的间隙。装配时，键依靠斜面产生过盈以传递扭矩。

楔键连接能轴向固定零件和传递单方向轴向力，但轴上零件容易与轴产生配合上的偏心或歪斜，因此，楔键连接多用于对称性要求不高，转速较低的场合。

装配楔键时，可用涂色法检查楔键上下表面与键槽表面的接触情况，如图13.14所示。

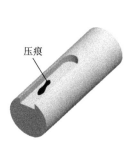

装配楔键时，要用涂色法检查楔键上下表面与键槽表面的接触情况，若发现接触不良，可用锉刀、刮刀修整键槽，合格后，用铜棒轻敲楔键配入。

图13.14

13.2.3　销连接装配

销连接的主要作用是定位、连接零件，有时还可以作为安全装置中的过载保护元件，如图13.15所示。

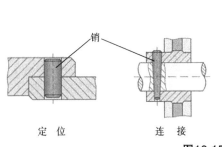

定　位　　　　　连　接　　　　　　　　过载保护

图13.15

机械连接中常采用圆柱销和圆锥销，如图13.16所示。

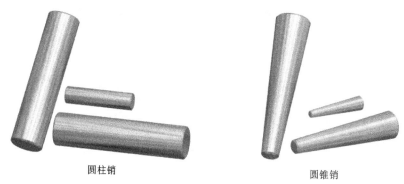

圆柱销   圆锥销

销是一种标准件，其形状和尺寸都已标准化，机械连接中常用圆柱销和圆锥销。

图13.16

1. 圆柱销装配

圆柱销的装配方法如图13.17所示。

2. 圆锥销装配

常用圆锥销的锥度为1:50，其规格以圆锥销小头直径和长度表示。圆锥销装配时，两连接零件的销孔也应一起钻、铰孔加工，圆锥销孔的加工方法如图13.18所示。

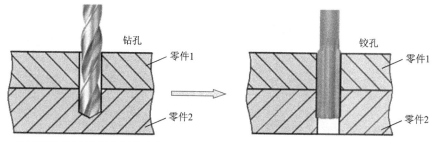

圆柱销依靠过盈配合固定在销孔中，因此，装配时对销孔的尺寸、形状及表面粗糙度要求较高，所以销孔在装配前必须进行铰削加工。同时，为了提高被连接零件之间的装配位置精度，一般被连接零件的销孔都为同钻、同铰加工。

图13.17

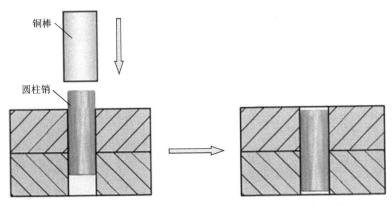

圆柱销装配时，应在圆柱销表面涂上机油，并用铜棒将圆柱销轻轻敲入。

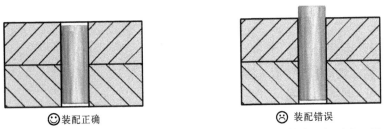

☺装配正确　　　　　　　　　　　　　　　☹装配错误

圆柱销装配后，表面应略低于连接零件表面或与连接零件表面相平齐，且圆柱销不宜多次拆装，否则会降低连接零件之间的定位精度和连接的紧固程度。

续图13.17

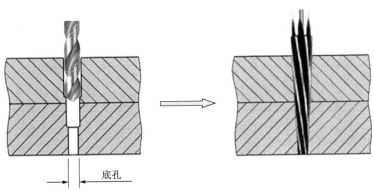

圆锥销孔钻孔时，应根据圆锥销小头直径选择底孔钻头（需留有铰削余量），钻削加工阶台孔，然后用1：50锥度的铰刀铰削圆锥销孔。

图13.18

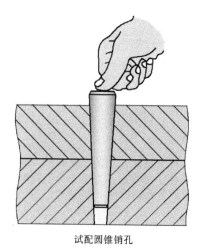

圆锥销底孔铰削时，用试配法控制孔径，以圆锥销能自由地配入全长的80%～85%为宜。

试配圆锥销孔

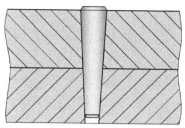

圆锥销底孔加工完成后，用铜棒敲击圆锥销大头，使圆锥销配入销孔，圆锥销的大头可稍微露出被连接零件表面，也可以与被连接零件表面平齐。

续图13.18

根据圆锥销的使用场合不同，拆卸圆锥销的方法也有所不同。

1）通孔处圆锥销的拆卸方法

圆锥销孔为通孔时，圆锥销的拆卸方法如图13.19所示。

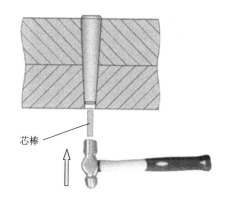

芯棒

根据圆锥销孔小端直径选择合适的芯棒（芯棒材料应比圆柱销材料软），将芯棒置于圆锥销小端处，使用手锤锤击芯棒，可以将圆锥销拆卸下来。

图13.19

2）盲孔处圆锥销的拆卸方法

圆锥销孔为盲孔时，装配的圆锥销通常选用加工有内螺纹孔的圆锥销，其拆卸方法如照片13.6所示。

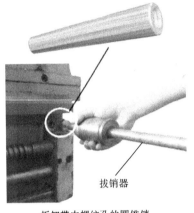

拆卸带螺纹孔的圆锥销时，一般采用拔销器拔出，主要应用于圆锥销孔位盲孔的场合。

拔销器

拆卸带内螺纹孔的圆锥销

照片13.6

思考与练习

1. 何谓装配？完整的机器一般由哪些部分组成？
2. 常用的螺钉旋具有哪些？各应用于什么场合？
3. 常用的扳手有哪些？各应用于什么场合？
4. 普通螺纹连接类型有哪些？各有什么连接特点？
5. 普通螺纹连接时常采用的防松装置有哪些？各应用于什么场合？
6. 键连接的作用有哪些？键连接分为哪两种类型？
7. 销连接的作用有哪些？销连接分为哪两种类型？
8. 简述圆柱销的装配方法。
9. 简述圆锥销的装配方法。

参考文献

[1] 王兴民.钳工工艺学（96新版）.北京：中国劳动出版社，1996.

[2] 刘汉蓉，张兆平. 钳工生产实习（96新版）.北京：中国劳动出版社，1996.

[3] 周晓峰. 钳工知识与技能（初级）. 北京：中国劳动社会保障出版社，2007.